紫花苜蓿落叶及营养品质调控机理研究

成启明　著

中国纺织出版社有限公司

内 容 提 要

优质苜蓿干草已成为我国畜牧业安全生产中不可或缺的重要资源，也是提升我国苜蓿干草国际市场竞争力的关键因素。本书围绕苜蓿干草生产产前、产中、产后各关键环节，涵盖苜蓿干草生产的品种选择到调制加工的所有内容，基于转录组测序，从转录机理出发，研究苜蓿品种对苜蓿落叶以及生育期对苜蓿营养品质影响的机理，同时研究影响苜蓿干草干燥的关键因素以及苜蓿干草调制过程中营养指标的变化规律，以作者的科研成果为主要内容，同时吸纳了部分国内同行专家在该领域研究的最新技术成果，旨在为我国优质苜蓿干草的生产提供可借鉴的理论依据和技术支持。本书适合各高校相关专业师生及研究者阅读，也可供生产一线的公司和技术人员借鉴参考。

图书在版编目（CIP）数据

紫花苜蓿落叶及营养品质调控机理研究 / 成启明著
. -- 北京：中国纺织出版社有限公司，2023.7
ISBN 978-7-5229-0517-4

Ⅰ.①紫…　Ⅱ.①成…　Ⅲ.①紫花苜蓿－研究　Ⅳ.
①S551

中国国家版本馆 CIP 数据核字（2023）第 071351 号

责任编辑：华长印　李淑敏　　责任校对：江思飞　　责任印制：王艳丽

中国纺织出版社有限公司出版发行
地址：北京市朝阳区百子湾东里A407号楼　邮政编码：100124
销售电话：010—67004422　传真：010—87155801
http://www.c-textilep.com
中国纺织出版社天猫旗舰店
官方微博http://weibo.com/2119887771
天津千鹤文化传播有限公司印刷　各地新华书店经销
2023年7月第1版第1次印刷
开本：710×1000　1/16　印张：11
字数：170千字　定价：98.00元

目　录

1 引言

1.1 研究背景

  苜蓿是豆科苜蓿属植物的统称，在全球共有60多个品种，我国有13个种，分布范围广泛，其中大多数为野生种，只有少数为栽培种；其中一年生牧草占三分之二，多年生牧草占三分之一[1]。在现有苜蓿中，饲用紫花苜蓿（*Medicago sativa* L.）是世界上应用范围最广、经济价值最高和栽培面积最大的苜蓿品种[2]，在现代草牧业的可持续发展中具有突出的地位。紫花苜蓿又称苜蓿、紫苜蓿，起源于小亚细亚、外高加索、伊朗一带[3]。史料记载，张骞于公元前126年出使西域，从当地带回苜蓿种子，从此以后苜蓿便在我国大面积种植，如今已有两千多年的栽培历史[4]。苜蓿植株中富含蛋白质、矿物质、多种氨基酸、维生素和胡萝卜素等，其总能、消化能、代谢能也较高，被认为是高蛋白优质饲草，素有"牧草之王"的美誉[5]。

  随着我国畜牧业的快速发展，家畜数量急剧上升，对饲草料的数量和品质要求越来越高[6]。2016年农业部印发的《全国苜蓿产业发展规划（2016—2020年）》中指出，预计2020年我国优质苜蓿缺口180万吨，也就是说，预计到2020年我国苜蓿干草还需要向其他国家进口180万吨才能满足当时我国畜牧业的发展需求。目前，我国正处于全面建成小康社会的决胜时期，国民生活水平越来越高，对动物性蛋白的需求量也随之增加，因此，必须加大养殖业的发展，才能满足国民对畜产品的需求。而苜蓿属于高蛋白质饲草，作为全球性的饲草作物，苜蓿产业的发展水平体现了一个国家或地区畜牧业发展的水平和质量[7]。

目前，随着我国苜蓿产业的快速发展，全国涌现出了一大批苜蓿草产品加工企业。但由于收获、加工和贮藏技术的不成熟，导致苜蓿营养品质大幅下降，从而使得我国苜蓿干草产量和质量难以达到国际标准[8]。因此，大量研究集中在优质苜蓿干草收获、加工和安全贮藏技术的研发。我国苜蓿栽培面积大、分布广，其中，内蒙古自治区更是我国苜蓿生产的集中产区，每年向许多奶牛养殖基地提供大量的优质苜蓿干草，是我国"振兴奶业苜蓿发展行动"的主要实施地区。内蒙古自治区同时也是我国主要的奶源基地和鲜牛奶生产加工基地，苜蓿作为奶牛的重要饲草，苜蓿产业对我国乳业的健康稳定发展起到很重要的作用，只有保证其干草的营养足够丰富，并且能够充足供给，才能从根本上解决畜产品质量安全这一难题[9, 10]。为了进一步贯彻落实"以生态优先，绿色发展为导向的高质量发展新路子"，落实国家"藏粮于地、藏粮于技"战略，必须重点开展关于提高苜蓿饲草品质的研究。

影响苜蓿品质的因素较多，有品种自身的遗传因素、自身农艺性状（叶面积、株高、分支枝等）[11-13]和落叶性差异[14]等；苜蓿不同的生长发育时期也影响其品质[15]；苜蓿干草调制过程中外界的环境因子变化也是影响苜蓿品质的重要因素，包括风速、土壤温度、空气温度、空气湿度、水汽压、大气压、太阳辐射强度和大气水势等[16]。目前，国内外基于转录组技术从基因层面解释苜蓿生育期影响其营养品质的机理研究较少，而且关于不同苜蓿品种对其落叶性状影响的研究更是未见报道。

为此，本书通过近红外光谱（NIRS）技术对苜蓿品种、生育期的营养品质进行全面评价；同时借鉴分子生物学手段，从转录组学水平分析苜蓿营养品质和落叶性差异的内在机理，为苜蓿种植选种、适时收获和低落叶率苜蓿品种培育提供理论依据，为未来的紫花苜蓿组学研究提供参考；通过人工气候站实时监测苜蓿晾晒过程中环境因子变化，全面探讨不同环境因子与苜蓿干燥速率的相关性，同时，研究不同营养指标随着晾晒时间延长的变化规律，从而为调制优质苜蓿干草提供理论依据。

1.2 苜蓿产业发展现状及前景展望

苜蓿作为在全世界广泛种植的饲草作物，主要集中种植在温暖地带，在北半球种植面积较大的国家分别为美国、加拿大、意大利、法国及中国；在南半球种植面积较大的国家为阿根廷、智利、澳大利亚和新西兰等，全球种植面积大约为4.95亿亩[17]。

1.2.1 国外苜蓿产业发展现状

美国的苜蓿产业尤为发达，在全球苜蓿种植面积最大，约占36%[18]。苜蓿产业在美国的国内和国际市场上都具有极为重要的作用，以苜蓿为主的牧草产业已经成为美国的十大支柱产业之一[19]。美国西部地区是苜蓿主要的种植区和出口地区，其中，苜蓿干草生产面积最大的地区为加利福尼亚州和亚利桑那州[19]。目前中国苜蓿的主要来源国是美国，2019年全年，我国从美国进口苜蓿量为101.47万吨，占苜蓿总进口量的74.81%。

在畜牧业比较发达的国家，都比较重视牧草产业（特别是苜蓿）的发展。这些国家采用先进的苜蓿生产技术，大幅提升了苜蓿干草的产量和质量，使苜蓿产业在这些国家快速发展。以美国为例，其苜蓿产业发展较快主要有以下几方面原因[19]：①加强技术培训来提高农牧民的苜蓿种植能力。美国学者在苜蓿育种、种植和推广利用上开展大量研究，使得苜蓿产业实现机械化、规模化和专业化生产；②深入研究苜蓿的其他功能。苜蓿不仅是很好的饲草作物，由于其高生物量，还具有作为生物燃料的潜力，如生产纤维乙醇，目前美国已研究出多种生物质型苜蓿；③区域化有利于苜蓿种植的因地制宜。在美国很早就有比较完善的苜蓿质量分级标准体系，促进苜蓿贸易的顺利进行。草畜一体化降低了苜蓿干草的生产成本；④比较完善的风险补偿机制增强了苜蓿种植者的信心。虽然在畜牧业比较发达的国家关于苜蓿种植、生产以及贸易情况和我国现有苜蓿草产业存在较大差异，但是在符合我国国情的基础上，可以学习借鉴别人的成功经验，从而促进我国苜蓿产业的快速发展。

1.2.2　国内苜蓿产业发展现状

我国苜蓿栽培的历史悠久，距今已有两千多年，种植地区主要分布于西北、华北、东北及黄淮海地区，其中，甘肃、陕西、宁夏、内蒙古和新疆等地是我国苜蓿主产区[16]。我国苜蓿产业的发展与国家的产业发展政策息息相关，国家在牧草产业发展方面推出的相关政策推动了苜蓿产业的快速发展。我国苜蓿产业的发展可以概括为4个阶段[20]：①平衡稳定阶段：20世纪90年代中期以前，苜蓿的生产种植以农户为单元，主要是为了满足自家家畜的饲养，此时苜蓿还没有形成产业，更没有形成商品进行流通。到1995年左右，苜蓿的栽培面积保持在133.33万～200万公顷；②快速发展阶段：20世纪90年代末到21世纪初，开始有个别草业企业在北京成立，开始商业化运作，苜蓿产业化、商品化开始起步，并逐步发展。2000年，随着党中央提出西部大开发战略及退耕还林还草政策的实施，草业和畜牧业得到了快速发展，农业产业结构调整的步伐得到了加快与深化。2001年5月，由中国草原学会主办的"首届中国苜蓿发展大会"在北京顺利召开，此次会议标志着苜蓿产业发展正式提上议程。2003年召开的第二届"中国苜蓿发展大会"之后，全国的苜蓿种植面积激增。到2004年，苜蓿种植面积达到386.67万公顷，呈现出逐年上升的趋势；③低迷徘徊阶段：2004年，中央财政开始全面推行粮食补贴政策，国家对种田农户进行补贴，而不是对有田农户进行补贴。受这一政策的影响，农牧民的种植热情倾向于粮食生产，出现部分毁草种粮现象，导致苜蓿种植面积急剧下降。2005年，我国苜蓿种植总面积下降到259.5万公顷左右，相较于2004年，其种植面积下降了13%。自2006年下半年开始，苜蓿市场开始向卖方市场进行转变，苜蓿干草价格逐年提升，2006—2008年苜蓿的出售价格持续上涨，使得苜蓿的收购价格逐年提高，增加了农牧民种植苜蓿的积极性，但其种植面积还是徘徊在373.33万~380万公顷，用于商品草的产量低于20万吨；④振兴上升阶段：2008年，"三鹿婴儿奶粉"事件的发生，使得苜蓿生产企业和奶牛养殖企业开始重视优质苜蓿干草在牛奶安全生产中所起的关键作用，同时美国的优质苜蓿干草开始进入中国市场，加大了苜蓿生产者种植苜蓿的积极性。2010年温家宝在《关于大力推进苜蓿产业发展建议书》批示"赞成"，要彻底解决牛奶质量安全问题，必须从优质饲草产业抓起。2011年，我国苜蓿的保留种植面积约377.47万公顷，苜蓿种子种植面积5.47万公顷，生产种子1.19万千克。2012年，"振兴奶业苜蓿发展行动"的启动和实施，使商品草生产能力得到极大提升，品质成为重要发展目标，苜蓿产业回归到理性的轨道。2015年，中央一号文件《关于加大改革创新力度加快农业现代化建设的若干意见》提到，"加快发展草牧业，支持青贮玉米和苜蓿等饲草料种植，开展粮改饲和种养结合模式试点，促进粮食、经济作物、饲草作物三元种植结构协调发展"。2018年国务院出台的《关于推进奶业振兴保障乳品质量安全的意见》提出，力争到2020年我国优质苜蓿自给率达到80%的目标。农业部发布的《全国苜蓿产业发展规划（2016—2020年）》中指出发展苜蓿产业，对于调整种植业结构，推进农牧结合，增加草产品和畜产品的市场竞争力具有重要意义。党的十九大提出实施乡村振兴战略和建设美丽中国，2018年《中共中央　国务院关于实施乡村振兴战略的意见》提出"深入实施藏粮于地、藏粮于技战略"。2019年3月5日，习近平总书记参加十三届全国人大二次会议内蒙古代表团审议时再次强调"探索以生态优先、绿色发展为导向的高质量发展新路子"。2019年6月，第八届（2019）中国苜蓿发展大会在宁夏顺利召开，本次会议以"创新发展，提质增效"为主题，围绕我国苜蓿产业化的发展，剖析了奶业振兴和苜蓿发展的一系列政策，分析了奶牛等畜种养殖市场对苜蓿干草的需求，展示了苜蓿种植、加工调制等先进的技术工艺和机械设备，开展了苜蓿病虫害的防治、青贮质量的把控、丘陵山地的收割等关键技术培训，推动我国苜蓿产业持续健康发展。纵观我国苜蓿产业的发展历程，国家越来越重视，并出台了一系列的政策为苜蓿生产发展提供了机会。由于我国一系列有利的内、外部环境和政策条件，为苜蓿产业发展创造了广阔空间。总体来看，我国苜蓿产业发展越来越好，苜蓿种植面积大幅度增加；牧草加工企业数量也持续上升，从2005年的453家上升到2018年的3286家[21]。但是在苜蓿有效利用方面与国外一些国家相比还存在一定的差距，特别是在优质苜蓿干草生产、加工技术方面[22]。

我国对优质苜蓿草产品的需求量不断增加，进口量也在不断上升，对苜蓿干草的品质要求也越来越严。根据中国海关公布的数据统计，2019年全年，我国苜蓿干草进口135.61万吨，占比83%，同比减少2%；平均到岸价格339

紫花苜蓿落叶及营养品质调控机理研究

美元/吨，同比上涨5%。我国进口的苜蓿干草主要来自美国、西班牙、加拿大、南非及苏丹，其中，从美国进口苜蓿量为101.47万吨，约占74.81%；从西班牙进口脱水苜蓿量为25.17万吨，占总苜蓿进口量的18.56%；此外，加拿大、南非、苏丹、阿根廷、意大利、保加利亚等国家保持少量对华出口（图1-1、图1-2）。

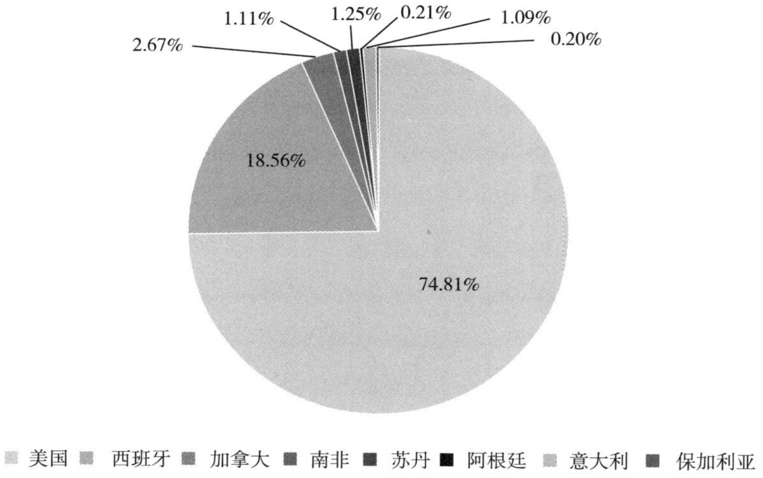

美国　西班牙　加拿大　南非　苏丹　阿根廷　意大利　保加利亚

图1-1　2019年进口苜蓿来源国分布（数据来源：中国海关）

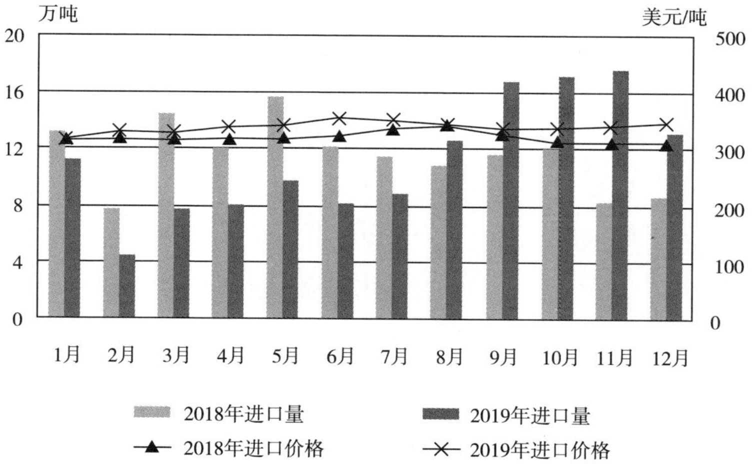

2018年进口量　　2019年进口量
2018年进口价格　　2019年进口价格

图1-2　2018—2019年1~12月我国苜蓿干草月度进口情况（数据来源：中国海关）

2019年12月，我国苜蓿粗粉及颗粒进口0.27万吨，环比增加57%，同比增加6%；平均到岸价格282美元/吨，环比下跌9%，同比上涨19%。2019年1~12月，我国进口苜蓿粗粉及颗粒累计2.98万吨，与去年同期基本持平；平均到岸价格268美元/吨，同比上涨4%。我国进口的苜蓿粗粉及颗粒几乎全部来自西班牙，少量来自墨西哥和意大利（图1-3）。

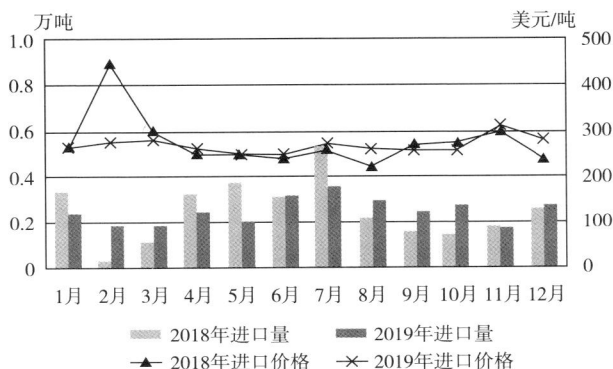

图1-3 2018—2019年1~12月我国苜蓿粗粉及颗粒月度进口情况（数据来源：中国海关）

2019年1~12月，我国进口草种子5.13万吨，同比减少9%。其中，紫苜蓿种子进口0.26万吨，同比增加4%，平均到岸价格2.84美元/千克，同比上涨5%。2019年1~12月，我国进口的草种子来源国较稳定，紫苜蓿种子主要从加拿大、澳大利亚和美国购买（图1-4、图1-5）。

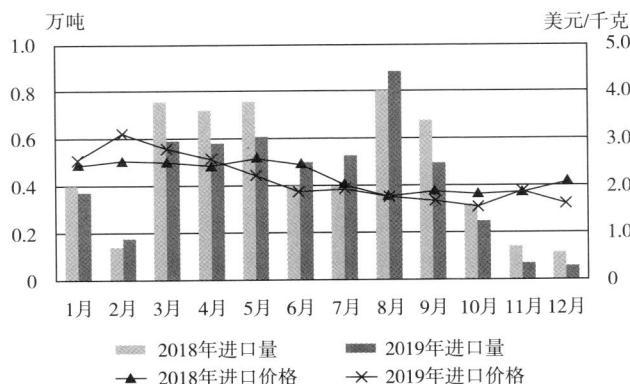

图1-4 2018—2019年1~12月我国草种子月度进口情况（数据来源：中国海关）

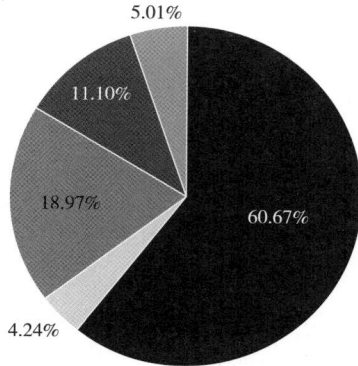

5.01%

11.10%

18.97%

60.67%

4.24%

■ 紫花苜蓿种子　■ 三叶草种子　■ 羊茅种子　■ 草地早熟禾种子　■ 黑麦草种子

图1-5　2019年我国草种子进口结构（数据来源：中国海关）

1.2.3　前景展望

从目前我国苜蓿产业发展形势来看，虽然发展速度较快，但还是存在不足。实践证明，只有坚持产业化方向，苜蓿产业发展的道路才能越走越宽阔。但也要看到，目前，我国苜蓿产业龙头企业较少而且不强，带动力不够。全国苜蓿干草年产量在1万吨以上的生产企业只有50多家，而最大的企业干草年产量只有20万吨。完善种植基地水、电、路等基础设施，科学配备种植、收割、打捆等关键机械，探索精细化管理组织形式，推广适时收获、加工和储存等集成技术，特别是要减少叶片损失，防止低温冻害和雨季霉烂，确保苜蓿草产品的质量。提高牧草产品质量与奶牛场通过订单生产、参股等形式长期合作，建立稳定的购销渠道。同时还需要制定和完善苜蓿干草质量的检测制度，对其苜蓿蛋白质（CP）、相对饲喂价值（RFV）等指标进行重点检测，促进建立第三方的检测制度，以形成高质量和有竞争力的价格体系，从而使优质苜蓿干草具有良好的价格。加强苜蓿草产品市场信息网络建设，加强市场预警信息的生产和发布，促进草产品网上交易，科学指导业务单位合理安排生产。有专家指出，国产苜蓿必须保证70%左右的自给率，做到"手中有草，心里不慌"。我国苜蓿产业的发展现状表明，尽管目前我国苜蓿产业化水平较低，生产技术水平相对落后，各项生产技术尚不完善，但仍有很大的发展空间[16]。

1.3 苜蓿营养品质评价指标

苜蓿的饲草品质评价指标有很多，其中最重要的评价指标是营养品质及可消化性，它们对家畜的生长、发育以及畜产品的质量起决定性作用[23]。苜蓿的营养丰富，富含蛋白质、碳水化合物、脂肪、矿物质、各种能量、氨基酸、次级代谢产物以及光和色素等，素有"牧草之王"的美誉。另外苜蓿植株内还含有一些抗营养因子，如木质素、单宁等。目前国际上常用的苜蓿品质评价指标为中性洗涤纤维消化率（NDFD）、总可消化养分（TDN）、相对饲喂价值（RFV）以及相对饲料质量（RFQ）等。

1.3.1 蛋白质指标

蛋白质是由各种氨基酸的长链组成，是动物重要器官、组织、肌肉、皮毛和酶的主要成分。动物通过分解植物和微生物蛋白（在瘤胃中形成），并将它们重新组装成动物蛋白来满足其自身的蛋白质需求。因此，饲料中蛋白质的供应对家畜维持生命和进行生产具有重要的作用[24]。苜蓿的蛋白含量高且种类丰富，属于高蛋白质饲草，其蛋白质含量在15%~20%，在孕蕾期甚至能达到23%左右，是玉米蛋白质含量的2.47倍[25]。大家常说的蛋白质指的是粗蛋白（crude protein，CP）是植株内的总氮，包括蛋白氮和非蛋白质氮[26, 27]。国际上粗蛋白含量的测定方法采用凯道尔（Johan Kjedahl）于1881年确定的凯氏定氮法，先测出饲草中的总氮，看再乘以系数6.25，即可得粗蛋白的含量值。除非另有说明，否则实验室报告、饲料表和饲料标签中给出的蛋白质值均为粗蛋白值。

由于用于饲养动物的饲草料、青贮料或谷物的蛋白质含量有时不能满足其自身的需求，需要补充蛋白质，因此，分析饲草料中的总蛋白或粗蛋白很重要。毫无疑问，粗蛋白是饲草作物中蛋白质含量的重要指标。但是，人们往往错误地认为蛋白质始终是动物饮食中最限制性的营养素，而粗蛋白是衡量饲草料质量的最终指标。实际上，饲草的能量值通常是满足动物自身需求的最大限制因素。目前，饲草料市场上往往过分强调粗蛋白值，而忽略了动物自身所需的能量需求。此外，粗蛋白只是氮含量的一个估计值（N% × 6.25=CP%），必须充分考虑饲草的成熟度、种类、施肥率和许多其他因素。例如，饲草料中高硝酸盐浓度将导致其粗蛋白含量升高。因此全面评价苜蓿干草中的蛋白质总量和其他蛋白组分含量具有很大的意义。

苜蓿植株内蛋白指标除了常测的粗蛋白指标外，还含有瘤胃降解蛋白（RDP）、瘤胃不可降解蛋白（RUP）、可代谢蛋白质（MP）、可溶性蛋白（SP）、中性洗涤可溶蛋白（NDSCP）、酸性洗涤不溶蛋白（ADICP）和中性洗涤不溶蛋白（NDICP）等[28-33]。梅斯曼（Messman）等[27]使用十二烷基硫酸钠聚丙烯酰胺凝胶电泳（SDS-PAGE）研究了萎蔫、干燥和青贮对紫花苜蓿、小冠花、多年生黑麦草、鸭茅和高羊茅中蛋白质浓度的影响，在这些饲草样品中鉴定出7~9种蛋白质。其中瘤胃降解蛋白，又称可降解摄入蛋白（DIP），代表摄入粗蛋白的一部分，可被微生物消化或降解为瘤胃中的氨和氨基酸。这部分粗蛋白包含非蛋白质氮（如青贮饲料中的尿素和氨）加上可溶的蛋白质和具有瘤胃降解性的蛋白质，它们用于合成瘤胃中的微生物蛋白质，即瘤胃降解蛋白质=非蛋白质氮+可溶性真蛋白+中间降解性的真蛋白。反刍动物饲料中的粗蛋白可以根据其在瘤胃中的分解率进一步区分，分为中性洗涤不溶蛋白和酸性洗涤不溶蛋白，其二者为动物不能利用的蛋白质。

1.3.2　纤维指标

纤维素是存在于植物细胞壁中的主要结构碳水化合物，由7000~15000个葡萄糖分子组成，通过β-1,4键连接在一起。纤维素是饲料中结构纤维的主要部分，可以被瘤胃中的微生物利用。对于饲料纤维素的测定已有上百年历史，但是对其定义至今看法不一。特罗韦尔（Trowell）[34]认为纤维是指动物消化酶不能够消化利用的饲料组成部分，其中粗纤维（CF）是饲料中所有的木质素和纤维素统称。而卡明斯（Cummings）[35]认为纤维素是非淀粉性多糖和木质素的总和。当使用范氏（Van Soest）方法[36]分析饲料中纤维素化学成分时，纤维素=酸性洗涤纤维-（酸性洗涤木质素+灰分）。

饲草的粗纤维是植株细胞壁的主要组成成分，包括纤维素、半纤维素、木质素和果胶等物质。以前研究者认为粗纤维不可消化，故当饲草料中的粗纤维含量较高时，其能量含量较低。粗纤维提取物曾被用作饲料中碳水化合物的纤维部分或难消化部分的标准分析物。但是，其中的某些物质可被反刍动物瘤胃中的微生物消化利用，粗纤维中很大比例是纤维素，而含有少量的木质素，并且不包含灰分部分，因此它低估了饲草料的真纤维含量。粗纤维并不是反应反刍动物消化率的良好指标，目前国际上反刍动物饲料中该参数的使用也正在下降。即使粗纤维指标不能很好体现木质素含量较高的饲草料饲用纤维的含量，但其仍是谷物中纤维含量的合理估计值，因为它们的木质素含量低。

饲草料经中性洗涤剂（3%十二烷基硫酸钠）分解，植物中的大部分细胞内溶物能够溶解于洗涤剂，包括脂肪、糖、淀粉和蛋白质；而不溶解的残渣称为中性洗涤纤维，其组成部分为半纤维素、纤维素、木质素、硅酸盐和极少量的蛋白质；酸性洗涤纤维是指饲料中最不容易消化的纤维部分，其组成部分为木质素、纤维素、二氧化硅和不溶性氮，但不含半纤维素。饲草料随着中性洗涤纤维和酸性洗涤纤维含量的增加，其饲料的可消化率降低。

1.3.3　碳水化合物指标

碳水化合物是仅由碳、氢和氧元素组成的生化化合物，是动物的主要能量来源。动物从饲料中的碳水化合物中获得大部分自身所需的能量。饲草中的碳水化合物是由碱性糖单元组成的聚合物，如葡萄糖（含量最丰富）、果糖和半乳糖等。植物中碳水化合物主要分为两类：非结构性碳水化合物（NSC）和结构性碳水化合物（SC），其中，非结构性碳水化合物作为储存和能量储备的物质，可以被动物快速消化利用，如糖、淀粉和果胶。那些不用于能量储存，提供纤维和结构特征的碳水化合物部分被称为结构性碳水化合物，如纤维素和半纤维素。非结构性碳水化合物比结构性碳水化合物更容易被动物用于能量代谢。

苜蓿植株内富含非结构性碳水化合物、结构性碳水化合物、非纤维碳水化合物、醇溶性碳水化合物、水溶性碳水化合物和淀粉等[37-40]。其中，非纤维碳水化合物（%DM）=100-（中性洗涤纤维+粗蛋白+粗脂肪+灰分）。醇溶性碳水化合物是一种可以被80%的乙醇溶解和提取的碳水化合物，主要包括单糖和双糖；水溶性碳水化合物是可以在水中溶解和提取的碳水化合物，包括单糖、二糖和一些短链多糖，主要是果聚糖；水溶性碳水化合物是青贮饲料原料的重要指标，其可以为乳酸菌发酵提供底物[41]。

1.3.4　脂肪指标

在化学上，脂肪是"脂肪酸甘油三酯"，是动物的高密度能量来源。脂肪含有丰富的能量，是碳水化合物能量的2.25~2.8倍，并且易消化。脂肪是由脂肪酸的结构单元组成。饲料中的粗脂肪主要是可溶于乙醚的脂类物质，粗脂肪中除了脂肪，还包括植物色素、酯类和醛类，这就是通过粗脂肪测量的脂肪被称为粗脂肪的原因。苜蓿中富含粗脂肪、总脂肪酸、不饱和脂肪酸和饱和脂肪酸等[42]。

1.3.5　矿物质指标

矿物质是自然存在的化合物或天然元素，又称无机盐。它既是动物体内无机物的总称，也是构成动物组织和维持正常生理功能活动必需的各种元素的总称，是动物机体必需的七大营养素之一。矿物质分为宏量元素和微量元素。其中宏量元素，也称主要矿物质，动物在日常生活和正常运作需要大量宏量元素。宏量元素相互作用，必须以适当的数量和比例供应，以维持适当的动物功能。动物必需的7种宏量元素是钙、磷、钠、镁、钾、硫和氯，微量元素包括铁、铜、碘、锌、锰、钼、钴、铬、锡、钒、硅、镍、氟、硒14种，存在数量极少，在机体内含量少于0.005%。苜蓿中富含各种矿物质，可以作为家畜所需矿物质的饲草来源。

灰分是无机物，饲料样品通过高温煅烧后（除去有机物质），称量其残余物重量，来确定灰分值。

1.3.6　能量指标

净能量是指饲料中用于动物维持生命和生产产品的能量，即饲料的代谢能减去饲料在动物体内热量中消耗的能量后剩余的那部分能量。净能量被进一步划分为泌乳净能、维持净能和增重净能。大多研究报告中提到的净能量都不是测量值，是从可消化能量系统中估算（或转换）的，尽管如此，净能量对于动物日粮的制定和评估还是很有用的。代谢能等于总摄入能量减去粪便、尿液和气体中的能量损失。测量气体形式和尿液中的能量损失比测量粪便中的损失量更困难，因此，很少测量单个饲料的代谢能。然而，当需要代谢能时，营养学家经常使用转换公式。估算肉牛饲料中代谢能的常用公式是代谢能=0.82×可消化能。苜蓿中能量丰富，能够满足家畜日常生命活动所需的所有能量，但是目前的研究大多只测定苜蓿的代谢能和总摄入能量[43, 44]。关于苜蓿干草能量全面评价的研究较少。

1.3.7 氨基酸指标

氨基酸是由含氮基团、氨基、羧酸基组成。氨基酸是动物体合成蛋白质的结构单元，目前已经发现自然界存在20种氨基酸。其中8种被称为必需氨基酸（只能从食物中获得），另外12种被称为非必需氨基酸。氨基酸评分是评定食物蛋白质营养价值的常用方法之一[45]。苜蓿蛋白质中氨基酸种类丰富、比例均衡，包括家畜所需的所有必需氨基酸，转化效价较高[25]。全面分析不同生育期苜蓿氨基酸组成变化情况，以此来评价蛋白质营养价值的变化，从而为调制优质苜蓿干草提供理论依据。

1.3.8 次级代谢产物指标

通过次级代谢合成的产物通常称为次级代谢产物，其中大多数是分子结构比较复杂的化合物。根据功能，可将其分为萜类、酚类和生物碱等，苜蓿植株内的次级代谢产物比较丰富，富含黄酮、单宁等[46, 47]。

1.3.9 干草营养品质综合评定标准

饲草品质直接影响家畜的采食率和生产性能[48]。苜蓿干草的营养品质评价指标主要包括表观特征、营养成分含量和饲草消化率。其中，豆科饲草表观特征的评定主要包括收获期、色泽、气味、叶量、水分含量、杂草比例以及异物含量等。目前我国苜蓿干草的表观特征主要参照农村农业部制定的NY/T 1574—2007《豆科牧草干草质量分级》[49]，其等级划分见表1-1。

表1-1 豆科牧草干草质量分级指标

等级	指标						
	收获期	色泽	气味	叶量（%）	含水量（%）	杂草（%）	异物（%）
特级	现蕾期	草绿	芳香味	50~60	15~16	<3.0	0
1级	开花期	灰绿	草味	49~30	17~18	<5.0	<0.2
2级	结实初期	黄绿	淡草味	29~20	19~20	<8.0	<0.4
3级	结实期	黄	无味	19~6	21~22	<12.0	<0.6

苜蓿干草品质的主要评定指标为营养成分含量和饲草消化率，其营养成分指标主要包括粗蛋白、中性洗涤纤维、酸性洗涤纤维、相对饲喂价值和相对饲料质量，也是国际上苜蓿干草品质评价最常用的指标[50]。中性洗涤纤维消化率和总可消化养分是评价干草消化率的重要指标，可衡量家畜对干草的适口性和消化率。目前国外最常用的苜蓿干草分级标准是美国农业部颁布，将苜蓿干草划分为4个等级：特级（Supreme）、一级（Premium）、二级（Good）、三级（Fair/Utility），如表1-2所示。目前我国干草产品市场交易主要参照我国农业部颁布的行业标准——苜蓿干草捆（NY/T 1170—2020）[51]，如表1-3所示。

表1-2　美国苜蓿干草的分级标准

等级	指标					
	酸性洗涤纤维（%）	中性洗涤纤维（%）	相对饲喂价值	总可消化养分（%）	总可消化养分（90%DM）	粗蛋白（%）
特级	< 27	< 34	> 185	> 62	> 55.9	> 22
一级	27~29	34~36	170~185	60.5~62	54.5~55.9	20~22
二级	29~32	36~40	150~170	58~60	52.5~54.5	18~20
三级	32~35	40~44	130~150	56~58	50.5~52.5	16~18
四级	> 35	> 44	< 100	< 56	< 50.5	< 16

注：相对饲喂价值=DDM×DMI÷1.29；DDM（%）=88.9-0.779酸性洗涤纤维；DMI（%）=120/中性洗涤纤维。

表1-3　苜蓿干草捆标准

等级	指标						
	粗蛋白（%）	中性洗涤纤维（%）	酸性洗涤纤维（%）	相对饲料价值	杂草含量（%）	粗灰分（%）	水分（%）
特级	≥ 22.0	< 34.0	< 27.0	≥ 185	< 3.0		
优级	≥ 20.0，< 22.0	≥ 34.0，< 38.0	≥ 27.0，< 31.0	≥ 160，< 185	< 3.0		
一级	≥ 18.0，< 20.0	≥ 38.0，< 42.0	≥ 31.0，< 34.0	≥ 140.0，< 160.0	< 3.0	≤ 12.5	≤ 14
二级	≥ 16.0，< 18.0	≥ 42.0，< 46.0	≥ 34.0，< 36.0	≥ 125.0，< 140.0	< 5.0		
三级	≥ 14.0，< 16.0	≥ 46.0，< 49.0	≥ 36.0，< 39.0	≥ 110.0，< 125.0	< 8.0		
四级	≥ 12.0，< 14.0	≥ 49.0，< 52.0	≥ 39.0，< 41.0	≥ 100.0，< 110.0	< 12.0		

注：所有指标均以干物质为基础进行计算。

1.4　影响苜蓿干草产量和品质的因素

苜蓿的营养价值高，富含粗蛋白、维生素和矿物质等，氨基酸的组成和比例比较齐全，适口性非常好，具有广泛的生态适应性和稳定的生产力，是国内外优先种植的优良牧草品种，在农牧业生产和经济建设中发挥巨大作用[52-54]。随着畜牧业及苜蓿产业的发展，苜蓿产品在畜牧业中的利用将会更加普遍，利用各种苜蓿产品实现高效养殖是未来畜牧业发展的方向。因此，对苜蓿进行全面的营养价值评价是畜牧业发展的必要条件。影响苜蓿干草产量和品质的因素很多，包括留茬高度、收获时间、刈割茬次、晾晒时间、干燥方法、打捆密度、防霉剂添加等[17, 18, 55]。本书将重点介绍苜蓿品种、生育期、环境因子对苜蓿干草产量和品质的影响。

1.4.1　品种对苜蓿干草产量和品质的影响

紫花苜蓿品种多种多样，受自身遗传特性及环境条件的限制，其适宜生长的环境和长势也就有所不同，其营养特性自然也会存在一定的差异[7]。苜蓿在我国最主要的使用方式就是调制干草和青贮，然而，苜蓿原料的各养分含量差异对苜蓿干草营养品质和青贮品质具有一定的影响。赵燕梅等[56]通过对11个品种苜蓿的营养特性分析发现，不同品种间的干物质、粗蛋白、中性洗涤纤维、酸性洗涤纤维、水溶性碳水化合物等营养物质差异极显著；于辉等[57]在哈尔滨地区通过对4个紫花苜蓿品种进行大田试验发现，阿尔冈金苜蓿的产量高于其他品种，和平苜蓿的营养价值较高，肇东苜蓿的越冬率最高，适合在寒冷地区种植；康俊梅等[58]在北京地区对10个苜蓿进行长达6年的引种试验发现，爱菲尼特、牧歌和胜利者3个苜蓿品种的年均干草产量显著高于其他品种，适合在北京地区种植；肖燕子[13]在内蒙古地区对国内外12个苜蓿品种进行产量和品质评比试验发现，苜蓿品种显著影响其产量和品质，其中，中苜2号的3年平均干草产量显著高于其他品种，中苜2号和草原3号苜蓿的3年平均粗蛋白含量显著高于其他品种。中苜2号的相对饲喂价值的3年平均值为131.66，显著高于其他品种。不同品种苜蓿不但在产量和常规营养物质含量上存在很大差异，对次级代谢产物和氨基酸等物质含量影响较大。高微微等[59]通过对45个品种紫花苜蓿的代谢产物皂苷进行测定研究发现，不同品种间皂苷含量差异显著；袁柱等[60]对 5 个不同品种的苜宿青贮前后总皂苷含量变化研究发现，青贮前 5 个品种苜蓿总皂苷含量为 8.0~10.0 mg·g^{-1}，其中，"402MF"品种的总皂苷含量最高，为 9.93 mg·g^{-1}，"Dormancy 6"品种最低仅为 8.27 mg·g^{-1}，表现出遗传差异，且"Dormancy 6"是较理想的青贮品种；孙娟娟等[61]对不同品种苜蓿的氨基酸组成研究发现，6 个品种的天冬氨酸、半胱氨酸、脯氨酸、鲜味氨基酸的含量以及酸鲜甜氨基酸/苦味氨基酸的比值差异显著。而其他氨基酸差异不显著。其中新疆大叶的总氨基酸、必需氨基酸和非必需氨基酸含量均显著高于其他品种，甘农 1 号、新疆大叶和公农 1 号紫花苜蓿的药效氨基酸含量高于其他品种。不同品种苜蓿因其所含水溶性碳水化合物及缓冲能值的不同，在青贮后其发酵品质与营养价值也可能表现出不同[62]。斯特巴诺维奇（Strbanovic）等[63]在塞尔维亚中部对 15 个苜蓿品种（美国品种 9 种，欧洲品种 6 种）的营养品质研究发现，品种间的干物质产量出现较高的变异性，其中，美国品种的干物质产量和粗蛋白变异性高于欧洲品种，品种（基因型）之间的差异也影响了饲草质量参数的总变异性，总变异性范围从粗蛋白的 5.07% 到粗纤维的 10.48%，干物质产量与粗蛋白（$r = 0.344$）、粗纤维（$r = 0.342$）和 CFM（$r = 0.306$）呈显著正相关，而粗纤维和无氮浸出物（$r = -0.917$）呈显著负相关。综上所述，品种对苜蓿的产量和品质影响较大，而目前关于从转录水平上解释其品质和产量差异的研究报道较少。

1.4.2　生育期对苜蓿干草产量和品质的影响

苜蓿的产量和品质是其干草调制的重要评价指标，而生育期对苜蓿的产量和品质影响较大，确定其适宜的收获期是苜蓿干草生产中的重要环节[16]。研究发现，苜蓿干草的产量与品质呈显著的负相关，在苜蓿的幼嫩期，草产量低但营养价值较高，随着生育期的推迟，其草产量增加但品质降低[64]；其营养价值降低的主要原因是由于苜蓿叶片的减少、茎叶比增加、细胞壁成分的改变以及细胞中营养物的流失等[65-67]。目前国内外学者对苜蓿收获期研究较多，苜蓿适宜的收获期主要考虑其对苜蓿干草的产量、品质和再生性的影响，即利于苜蓿本身的生长发育和提高其产量、保持其高品质、刈割后根系营养物质的积累利用[68, 69]。洛维拉（Llovera）和费伦（Ferran）[15]研究发现，现蕾期收获的苜蓿产量比盛花期下降了 18%，但是其粗蛋白和体外干物质消化率含量分别增加了7.5%和5.4%。杰斐逊（Jefferson）和戈斯森（Gosssen）[70]也得出了相似结论，现蕾期收获的苜蓿比50%开花期的干物质产量降低了17%，而干草的营养价值增加；科布伦茨（Coblentz）等[31]研究发现，随着紫花苜蓿在收获期的推迟，瘤胃降解蛋白含量下降，主要是由于细胞中的可溶性蛋白含量的降低。亚里（Yari）等[32]研究发现，随着苜蓿生育期的延迟，其苜蓿干草的叶茎比、粗蛋白和可溶性碳水化合物含量呈现出下降趋势。在其另一篇论文中[37]研究发现，随着苜蓿成熟度的增加，其非结构性碳水化合物的含量降低，而木质素含量增加；帕尔莫纳里（Palmonari）等[71]研究发现，随着苜蓿成熟度增加导致其纤维和蛋白质组分发生变化，其粗蛋白含量下降，酸性洗涤木质素含量增加，而中性洗涤纤维消化率升高；莫里森（Morrison）[72]研究发现，苜蓿的粗蛋白含量随着生育期的推迟而下降，由营养生长时期的26.1%降低到开花后期的12.3%。本团队[73]通过对不同生育期苜蓿进行蛋白质和代谢组联合分析发现，随着生育期的延长，其粗蛋白含量下降的原因是由于一部分蛋白发生水解，同时L-谷氨酸、L-谷氨酰胺、L-天冬酰胺、鸟嘌呤、腺嘌呤、尿嘧啶和二氢尿嘧啶等含量降低所致，中性洗涤纤维含量增加的原因是由于α-葡糖苷酶、α-淀粉酶、UDP-葡萄糖醛酸脱羧酶和D-甘露糖的表达上调，而肉桂醇脱氢酶和L-苯丙氨酸随着生育期延长其表达量呈上调趋势，这些物质是木质素合成的前体，从而促进了中性洗涤纤维和酸性洗涤纤维含量的增加。目前从苜蓿遗传特性出发，从基因层面探讨随着生育期的推迟，造成其营养品质下降的内部机理的研究还鲜有报道。

1.4.3　苜蓿落叶性对其品质的影响

苜蓿是世界范围内广泛种植的牧草，其营养丰富、产量高，尤其是粗蛋白含量为植物叶片之首，具有极高的经济价值。近些年，随着畜牧业的不断发展，家畜数量大量增加，对苜蓿品质的要求也更高。众所周知，苜蓿的叶片中蛋白含量最高，叶片含量多少是决定苜蓿品质高低的关键因素。然而苜蓿在生长和收获过程中叶片非常容易脱落，造成苜蓿干草营养损失，严重降低其干草品质。然而目前关于控制苜蓿落叶的关键基因的研究还未见报道，因此苜蓿生长过程中的落叶机制研究迫在眉睫。本团队前期研究发现[14]，不同品种之间的落叶性状存在很大的差异，从而影响苜蓿品质，利用转录组测序对美国品种（不易落叶）和中国品种（容易落叶）进行研究，找到6个控制苜蓿落叶的关键基因，研究发现，导致苜蓿落叶主要原因是其生长过程中的内源激素起调控作用。

脱落酸是20世纪60年代鉴定的一种天然植物激素[74]，具有促进植物器官脱落的作用，它存在于高等植物各器官和组织中，特别是在成熟、衰老组织或进入休眠的器官中含量丰富。乙烯是最早被确立为植物激素的植物生长调节物质之一[75, 76]，乙烯广泛存在于植物的各种组织、器官中，是由蛋氨酸在供氧充足的条件下转化而成的。乙烯的合成受到多种生长发育信号的调控，在组织特异性和不同发育时期形成了乙烯合成的特定模式[77]。在果实成熟、种子萌发、叶片和花的衰老脱落等过程中，乙烯的合成量急剧上升，而且乙烯的合成还受到机械损伤、病原菌侵染、低温、干旱、高盐等多种外部刺激信号的影响[78-81]。乙烯具有促进果实成熟，促进器官脱落和衰老，它的产生具有"自促作用"，即乙烯的积累可以刺激更多的乙烯产生。由前人的研究可以看出，脱落酸和乙烯都具有加速植物器官脱落的作用，但是通过何种机制发挥其生理作用，目前还不得而知，而且关于脱落酸和乙烯引起叶、花和果实脱落问题存在争议。阿迪科特（Addicott）[82]作为脱落酸的发现者之一，根据大量事实认为内源脱落酸促进脱落的效应是肯定的，但用脱落酸作为脱叶剂的田间试验尚未成功，这可能是由于叶片中的吲哚乙酸、赤霉素和细胞分裂素对脱落酸有抵消作用；米尔博勒（Milborrow）[83]认为外源的脱落酸能引起脱落，但比外源乙烯的作用低；奥斯本（Osborne）[84]在评述乙烯和脱落酸对脱落的作用时得出结论，脱落酸在脱落方面可能没有直接的作用，只是引起器官细胞过早衰老，随后刺激乙烯产量的上升而导致脱落，真正脱落过程的引发剂是乙烯而不是脱落酸。但是可以肯定一点的是，乙烯和脱落酸共同作用导致植物组织器官的脱落。目前国内外关于比较不同品种苜蓿落叶性状相关基因表达差异的研究还未见报道，因此，本研究期待从转录机理出发，发掘控制苜蓿落叶的关键基因。

1.4.4 苜蓿干燥过程中环境因子对干草品质的影响

总的来说，随着我国畜牧业的飞速发展，家畜数量不断上升，饲草出现供应不足的现象。苜蓿作为全球性种植饲草，有必要增加其干草产量和品质，为家畜提供足够数量的优质饲草料。想要解决饲草供应不足的问题，可以通过选择高产品种和先进的干草加工调制技术，以此来减少不利环境因素的影响，从而提高产量和质量[85]。苜蓿晾晒过程中，外界环境因子主要影响苜蓿的水分散失速率、营养品质和干草色泽，其中起主要作用的环境因子包括空气温度、雨淋、空气湿度、土壤温度、风速、太阳辐射强度、大气压和水汽压等[17]。

苜蓿干草调制过程中，影响其营养品质最大的限制因素是干燥速率，如何加快苜蓿的干燥速率、缩短干燥时间是调制优质苜蓿干草的关键点[86]。而苜蓿干燥过程中，外界环境因子是影响苜蓿干燥速率的重要因素之一[87, 88]。苜蓿干草调制过程中，外界环境因子会直接导致营养成分的损失。其中，温度和光照是直接或间接影响苜蓿营养价值的最重要环境因素[65]。较高的环境温度通常会促进结构性物质（如细胞壁）的积累，同时加快植物的新陈代谢活动，从而加速细胞中营养物质的消耗[89]。郑先哲等的[90]研究发现，苜蓿干燥过程中温度与水分散失呈现正相关关系，温度是影响苜蓿干燥过程中粗蛋白和粗纤维损失的主要因素，其相关性高于热风和干燥时间。卡什（Cash）和鲍曼（Bowman）[91]研究发现，苜蓿干燥过程中随着温度的增加，一部分蛋白质成分会黏附在粗纤维上，从而形成不溶蛋白，不易被家畜吸收利用。雨淋对苜蓿干草营养品质影响较大，当苜蓿晾晒初期，其含水量大于40%，植物细胞还未死亡，长时间的降雨会延长苜蓿的干燥时间，从而导致植物细胞的呼吸损失增加[15, 92]；当含水量小于40%时，植物细胞死亡，植株原生质的渗透性增加，降雨会加大可溶性养分的损失[93]。柯林斯（Collins）等[94]通过研究降雨对苜蓿干草营养损失的影响发现，苜蓿干草的干物质和品质损失随着降雨时间的延长而增加，且显著降低了苜蓿干草的体外干物质消化率。空气湿度对苜蓿干燥时间的影响较大，随着空气湿度的增加干燥时间延长，从而增加苜蓿干草的营养损失[90]。除此之外，风速、太阳辐射、地表土壤湿度也是影响苜蓿干燥过程中营养损失的重要因素，其中风速和辐射强度可以增加苜蓿的干燥速率，从而减少营养损失；而土壤湿度会引起苜蓿干燥过程中的返潮现象，增加苜蓿干草的营养损失[17]。

1.5 转录组测序技术在植物中的研究现状

转录组最早由维库列斯库（Velculescu）等[95]提出，以脱氧核糖核酸（DNA）为模板合成核糖核酸（RNA）的转录过程是基因表达的开始，也是基因表达调控的关键环节。所有表达基因的身份以及其转录水平，综合起来被称作转录组，广义上指某一生理条件下，细胞内所有转录产物的集合，包括信使RNA、核糖体RNA、转运RNA及非编码RNA；狭义上指所有信使RNA的集合[7]。转录组学是研究基因结构和功能的基础，是目前应用最为广泛的测序技术[96]。转录组测序（RNA Sequencing，RNA-Seq）在新基因的发现、基因功能注释、基因差异表达和分子标记发展中具有重要价值[97-99]。目前，国内外利用较多的转录组研究技术是新一代测序技术（Next Generation Sequencing，NGS）；NGS技术也称"第二代测序技术"，该技术能够同时对几十万甚至几百万条DNA进行测序，故又称为"高通量测序技术"（High-throughput sequencing）。由于Illumines测序的费用比其他测序技术低，性价比较高，是目前应用最为广泛的测序技术。通过Illumines测序技术，能够全面快速地获得某一物种特定组织或器官在某一状态下的几乎所有转录本序列信息，Illumines测序技术已经广泛用于模式和非模式植物的研究[7]。目前利用新一代Illumines测序技术完成测序的植物主要有大麻[100]、野生大豆[101]、马铃薯[102]、白菜[103]、藜苜蓿[104]等。

1.5.1 RNA-Seq技术在非模式植物研究中的研究现状

对于非模式植物来说，它们没有参考基因组，不能够直接进行匹配拼接。而RNA-Seq技术能够在无参考基因组的情况下对所有物种进行分析测序，可以将测序得到的读长进行从头组装拼接，即从头测序，从而计算出样本的基因表达量，促进了RNA-Seq技术在非模式植物领域的研究利用[105]。2008年，维拉（Vera）等[106]报道了第一篇关于从头测序转录组分析，随后一大批研究者利用RNA-Seq技术在非模式植物上开展研究；2009年，特里克（Trick）等[107]利用RNA-Seq技术对油菜开展研究，在花瓣和叶子之间共得到了94000条单一序列（Universal Gene，Unigene）；2011年，伊奥里佐（Iorizzo）等[108]对胡萝卜使用Illumina的双末端测序技术进行转录组测序，产生了超过58751万个重叠群（contigs），鉴定出114条SSRs和20058条SNPs；2012年，刘（Liu）等[109]首次对毛竹进行从头转录组测序，共得到了15138726条读长，通过组装得到68229条单一序列，其中找到控制木质素生物合成的105条基因和8个关键酶；2013年，杨（Yang）等[110]利用Illumina平台对鹅掌楸的花瓣和叶子进行转录组测序，获得了17.07Gb的高质量可用读长，并且从头测序组装得到了87841条单一序列，平均长度为778 bp。共鉴定出3386个差异表达基因，其中2969个基因上调，417个基因下调。通过代谢途径分析发现，25条单一序列负责类胡萝卜素的生物合成，在这两个组织之间差异表达了7个基因。该研究第一次报道了鹅掌楸类胡萝卜素合成相关的基因；2017年，袁灿等[111]对赶黄草进行转录组测序，共获得了40005442条有效的短读长，通过从头测序组装得到了42306个单一序列；通过KEGG分析，筛选得到33、32、59、68个单一序列分别参与黄酮类生物合成、固醇类生物合成、萜类骨架生物合成和梭酸代谢。

1.5.2　RNA-Seq技术在苜蓿研究中的研究现状

紫花苜蓿作为目前研究比较热点的非模式植物，国内外研究者对其也开展了大量研究。目前，关于利用转录组测序对苜蓿抗性的研究较多。李巍[112]通过转录组学技术对紫花苜蓿抗寒分子机制进行研究，通过对肇东苜蓿进行寒冷胁迫，转录组测序共得到了7555w1条单一序列，从中发掘与寒冷胁迫相关的基因5767条；通过分析发现，AP2/ERF、WRKY和MYB等转录因子家族基因在寒冷胁迫中起重要作用，筛选出10个基因进行实时荧光定量聚合酶链式反应（Quantitative Real Tine-Polymerase Chain Reaction，qRT-PCR）验证，验证结果与转录组数据一致，证明其研究结果的可靠性。秋眠性和耐寒性是苜蓿两个重要的表型特征，对苜蓿的生产力和持久性有很大影响，休眠是冬季苜蓿耐寒性的最大局限性之一，刘（Liu）等[113]通过对秋季休眠苜蓿品种与非休眠品种进行转录组测序研究，在秋季休眠的苜蓿中，编码棉子糖生物合成的候选基因表达上调，在非休眠苜蓿中其表达下调。在秋季休眠的苜蓿中，编码谷氨酰胺合酶的候选基因表达显著下调，而谷氨酰胺合酶间接参与脯氨酸的代谢。秋季休眠的紫花苜蓿在冷驯化下急剧增加了棉子糖和氨基酸的积累；江超[114]通过转录组测序对紫花苜蓿（中苜1号）的耐盐机理进行研究，共得到了100.61 M条读长，总碱基数20.32 G，通过Trinity组装得到长度大于200 bp的单一序列有72224条；结果发现，盐胁迫0 h与盐胁迫2 h相比，共有621个差异基因；盐胁迫20 h与盐胁迫4h相比，共有4735个差异基因；盐胁迫4 h与盐胁迫8 h相比，共有5519个差异基因；马进和郑刚[115]利用转录组测序技术对南方型紫花苜蓿（*Medicago varia* 'Millennium'）叶片盐胁迫进行研究，筛选出6个和盐胁迫相关的差异基因，并进行qRT-PCR验证。而关于紫花苜蓿生长发育性状的转录组测序研究相对较少；王晓娜[116]通过利用RNA-Seq技术对根蘖型苜蓿（*Medicago varia*）"BL-101"开展研究，共得到根蘖与非根蘖性状差异表达基因15978条，结果表明，根蘖性状与赤霉素诱导相关。本团队[14]首次利用转录组测序对不同品种苜蓿的落叶性状进行研究，对国外苜蓿（WL319HQ，不易落叶）与国内苜蓿（准格尔，容易落叶）进行转录组测序，共得到了66734个单一序列，其中706个差异表达基因上调，392个差异基因下调；KEGG通路注释显示，有8414个单一序列被注释到87个代谢通路；从"类胡萝卜素生物合成""植物激素信号转导"和"昼夜节律植物"3条代谢通路中共筛选出6个和落叶性状相关的差异基因，并通过RT-qPCR进行验证，证明了本转录组数据的可靠性，该部分研究内容也是本书研究的一部分。

1.5.3 RNA-Seq技术在饲草营养品质研究中的研究现状

饲草的营养品质好坏直接关系到畜牧业的发展，随着转录组技术的兴起，越来越多研究者将转录组测序技术应用到饲草营养品质研究领域，从转录机理出发探讨营养品质变化的内在原因。赵劲博等[117]通过对不同刈割强度下的羊草进行转录组研究发现，随着刈割强度的增加，表达量上调的基因有3499个，通过富集分析发现刈割强度与氨酰-tRNA生物合成、脂肪酸生物合成、卟啉与叶绿素代谢、氨基糖和核苷酸糖代谢等有关；而表达量下调的基因有1245个，主要与光合作用、半胱氨酸和蛋氨酸代谢、硫代谢有关；田青松等[118]对大针茅受到羊啃食后2 h的实验组与未啃食的对照组叶片进行转录组研究，共获得了147561条读长，组装得到平均长度为1367.21 bp的单一序列有64738条，从中筛选了11个与淀粉和蔗糖代谢通路相关基因，并进行RT-qPCR验证；张曼[119]通过对超高CO_2条件和正常条件的狗尾草进行转录组测序研究发现，共获得174个差异基因，其中100个基因上调，74个基因下调，这些差异基因主要参与糖代谢、光合作用、氧化还原反应和胁迫刺激反应等。

目前，关于紫花苜蓿转录组测序，大多应用到抗性（抗旱、抗寒、抗虫）、耐盐和秋眠级等领域[120-125]。而关于利用转录组测序对苜蓿营养品质变化的研究较少。刘希强等[126]通过对不同生育期中苜1号苜蓿次生壁合成的进行转录组测序研究，共获得了41734个基因，其中27个功能注释与苜蓿的维生素和木质素合成相关的差异基因表达，随着生育期延长其表达水平逐渐提高，初花期是次生壁合成的转折期，共筛选出可能参与次生壁合成调控的54个差异基因（24个上调，30个下调）。而众所周知，不同品种和生育期对苜蓿干草营养品质影响较大，目前关于从转录组出发，在基因层面揭示其品质差异的机理研究未见报道。

1.6　研究目的及意义

近年来，随着我国草牧业的兴起，国家对草业（尤其是苜蓿产业）的发展尤其重视，出台了一系列政策来支持苜蓿产业发展。虽然近几年苜蓿产业发展较快，但还有很大的上升空间。目前，我国苜蓿干草仍无法实现自足，造成这一局面的主要原因包括：一，因为我国苜蓿干草产量较低，不能满足畜牧业的快速发展；二，由于我国苜蓿干草质量较低，缺乏国际市场竞争力。

优质苜蓿干草已成为畜牧业安全生产中不可或缺的重要资源。提高苜蓿干草的品质是提升我国苜蓿干草国际市场竞争力的关键因素。提高苜蓿干草质量的前提是找到导致其品质低下的原因，因此探究品种、生育期和环境因子对苜蓿干草品质影响的机理研究势在必行。目前关于从转录机理出发，探究品种对苜蓿落叶性、生育期对苜蓿营养品质影响，找出控制苜蓿落叶和营养品质的关键基因的研究还未见报道。

本书通过对不同品种苜蓿在初花期进行取样，测定其产量、营养品质和落叶率，全面评价品种对其产量和品质的影响，从而为苜蓿种植选种提供理论依据；筛选叶片落叶性差异较大的2个苜蓿品种进行转录组测序，找出控制苜蓿落叶的关键基因，从而为育成低落叶苜蓿新品种提供参考；选取以上营养品质较好的苜蓿品种，对其在现蕾期、初花期和盛花期分别进行取样；开展不同生育期对苜蓿营养品质影响研究，从转录机理出发，找到控制苜蓿营养品质的关键基因，从基因层面解释生育期对苜蓿品质影响的内在机理；通过以上研究中筛选出的品质和产量兼优且落叶率低的苜蓿品种进行干草调制试验，实时监测试验地的环境因子变化，测定不同晾晒时间的营养品质和干燥速率，探究控制苜蓿干燥速率的关键因素，以及晾晒时间对苜蓿营养品质的影响规律，从而为调制高品质苜蓿干草提供理论依据。通过本书对苜蓿种植选种、收获、加工一系列研究，找出影响苜蓿营养品质的关键基因和关键环境因子，旨在为我国优质苜蓿干草的生产提供可借鉴的理论依据和技术支持，进而用于指导生产实践。

1.7 研究整体思路及技术路线

1.7.1 研究整体思路

试验地选择在内蒙古自治区苜蓿主产区包头市，本书整体分为4部分：

（1）苜蓿品种对其产量、品质和落叶性影响的研究。通过对种植在该地区的5个苜蓿品种（中首1号、准格尔、中首3号、WL232HQ和WL319HQ）在初花期进行取样，采用NIRS技术对不同品种苜蓿的营养品质进行全面评价，并测定苜蓿产量和落叶率，筛选出其中品质较好的苜蓿品种，为包头地区苜蓿种植选种择提供理论依据。

（2）通过对试验1筛选出的落叶率差异较大的2个苜蓿品种进行转录组测序，从转录机理出发，找到控制苜蓿落叶的关键基因，为育成低落叶苜蓿新品种提供理论参考。

（3）选择试验1中筛选出的产量和品质兼优的苜蓿品种，对其在现蕾期、初花期和盛花期进行取样，该部分样品主要开展2项研究：一是对不同生育期苜蓿采用NIRS技术对其营养品质进行全面评价，测定其主要营养指标、氨基酸和次级代谢产物的变化；二是同时对不同生育期苜蓿进行转录组测序，试图找到控制苜蓿营养品质的关键基因，从基因层面解释生育期对苜蓿营养品质影响的内在机理，为苜蓿收获期的选择提供参考。

（4）通过对试验1中筛选出产量和品质兼优且落叶率低的苜蓿品种进行

干草调制，在苜蓿晾晒过程中，对试验地的环境因子进行实时监控，并对不同晾晒时间的营养品质和干燥速率进行测定，探究环境因子与苜蓿干燥速率的相关性，找出影响苜蓿干燥速率的关键因素，同时研究出苜蓿晾晒过程中的营养品质变化规律，为优质苜蓿干草调制提供依据。

1.7.2　技术路线（图1-6）

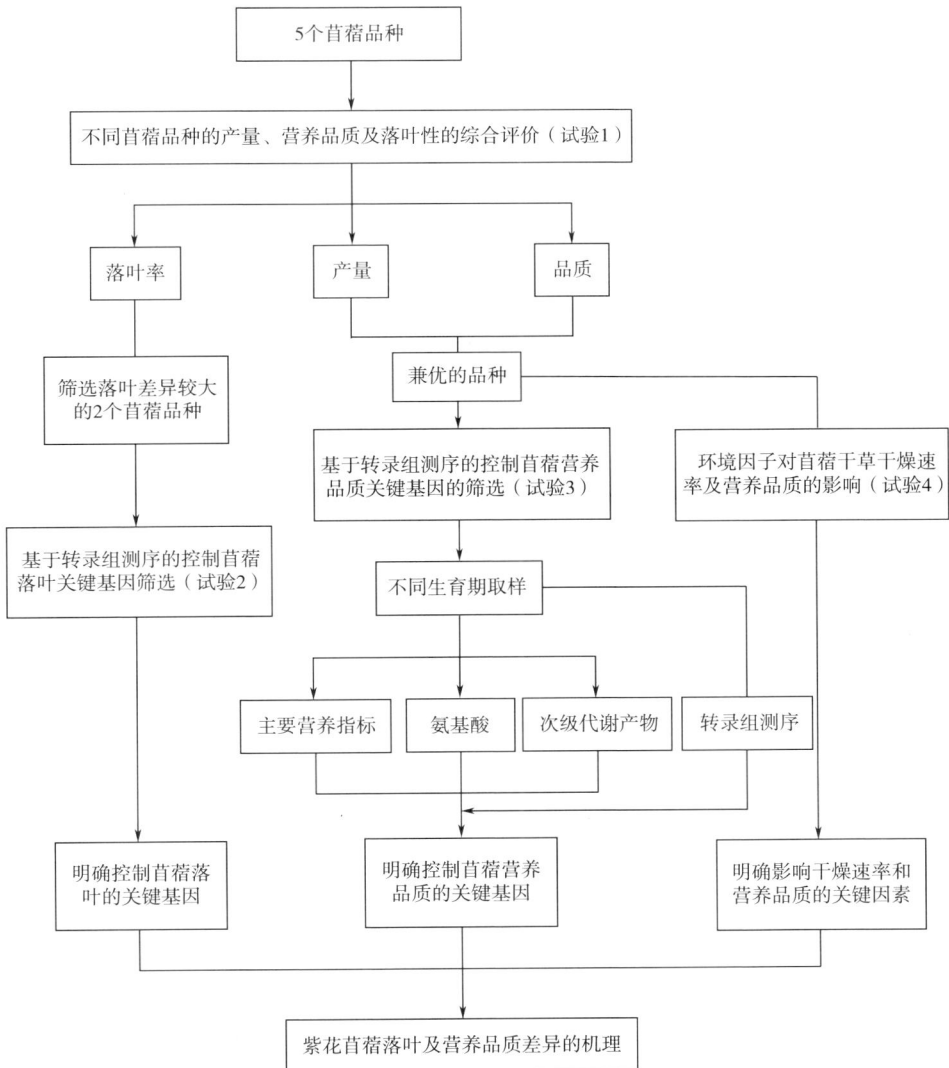

图1-6　技术路线图

2 材料与方法

2.1 试验地点概况

试验地点处于黄河流域地区，位于内蒙古农业大学试验基地——包头市鑫泰农业科技有限公司苜蓿种植基地，位于包头市九原区哈林格尔镇，地跨东经110°37″~110°27″，北纬40°5″~40° 17″；属北温带大陆性气候，春季干旱少雨多风，夏季温和短促，秋季凉爽温差大，冬季漫长寒冷；年平均气温6.8℃，7月平均气温22.5~23.1℃，1月平均气温−13.7℃；无霜期约165 d，最大冻土深度1.4 m。年平均降水量330 mm，年平均蒸发量2094 mm，日平均风速3 m·s⁻¹；全年日照时数3177 h，年日照百分率是70%，是全国日照最丰富的地区之一[7]。

2.2 试验材料

本书试验以包头市鑫泰农业科技有限公司苜蓿种植基地种植的中苜1号、准格尔、中苜3号、WL232HQ和WL319HQ为试验材料。5个苜蓿品种均种植于2014年，种植于同一试验地（各试验小区的土壤肥力没有显著差异），种植区地势较为平坦，同一品种间苜蓿长势均匀。不同苜蓿品种播种量和行距为：中苜1号和中苜3号苜蓿播种量为1.2 kg/亩，行距为18 cm；准格尔苜蓿播种量为0.8 kg/亩，行距为18 cm；WL232HQ和WL319HQ苜蓿播种量为1 kg/亩，行距为15 cm。5个苜蓿品种简介见表2-1。

表2-1　供试紫花苜蓿品种

编号	品种名称	原产地
1	中苜1号	中国
2	准格尔	中国
3	中苜3号	中国
4	WL232HQ	美国
5	WL319HQ	美国

2.3　试验设计

试验1：不同苜蓿品种的产量、营养品质及落叶性的综合评价

本试验于2017年5月进行，随机选取长势均匀的苜蓿地作为试验小区，每个苜蓿品种的试验小区面积30 m²（3 m×10 m），在第一茬的初花期对5个苜蓿品种（中苜1号、准格尔、中苜3号、WL232HQ和WL319HQ）进行随机取样，每个品种3个重复，将采集的样品烘干（105℃杀青15 min，65℃烘干48 h），测定其营养指标、产量和落叶性，筛选出落叶性差异较大的2个苜蓿品种用于后续控制落叶关键基因的筛选研究。

试验2：基于转录组测序的控制苜蓿落叶关键基因筛选研究

本试验于2017年8月进行，以试验1中筛选出落叶性差异较大的2个苜蓿品种为试验材料，在第二茬的初花期随机对2个苜蓿品种叶片进行取样，分别设置3个生物学重复，共计6个转录组样品，取样于早上6:00进行，将取好的新鲜苜蓿叶片用锡箔纸包住并做好标记，放在液氮中，用于后续的转录组测序，测序时设置3个技术重复，研究控制苜蓿落叶的关键基因；将不同苜蓿品种转录组测序后剩余的样品低温保存好，用于后续实验室的qRT-PCR验证，以验证转录组数据的可靠性。

试验3：基于转录组测序的控制苜蓿营养品质关键基因的筛选

本试验于2018年8月的第二茬苜蓿进行，以试验1、试验2中筛选出的品质、产量兼优，且落叶较少的苜蓿为试验材料，刈割期为现蕾期（50%植株现蕾）、初花期（10%植株开花）、盛花期（50%植株开花），采取人工刈割，留茬高度为5~6 cm，每个处理3个重复，将采集的样品烘干（105℃杀青15 min，65℃烘干48 h），测定其营养指标；同时在3个生育期进行苜蓿叶片采集，分别设置3个生物学重复，共计9个转录组样品，取样在早上6:00进行，将取好的新鲜苜蓿叶片用锡箔纸包住并做好标记，放在液氮中，用于后续的转录组测序，测序时设置3个技术重复，研究控制苜蓿营养品质的关键基因；将不同生育期苜蓿转录组测序后剩余的样品低温保存好，用于后续实验室的qRT-PCR验证，以验证转录组数据的可靠性。

试验4：环境因子对苜蓿干草干燥速率及营养品质的影响研究

本试验于2019年8月的第二茬苜蓿进行，通过试验1、试验2筛选出的品质、产量兼优，且落叶较少的苜蓿为试验材料，进行干草调制试验，在初花期进行刈割，刈割时间于早上8:00进行，采用人工刈割，留茬高度为5~6 cm，晾晒草条厚度为10 cm，在苜蓿含水量为40%~45%时进行人工翻晒一次，刈割后在0、4 h、12 h、48 h、72 h、……直到苜蓿干草含水量达到15%左右的不同时间点进行取样，每个处理3个重复，同时测定不同晾晒时间的营养指标、含水量和干燥速率；采用CR1000人工气象站实时监测试验期间的环境因子变化，研究环境因子与苜蓿干燥速率的相关性以及不同晾晒时间苜蓿干草营养品质的变化规律。

2.4 试验方法

2.4.1 苜蓿干草产量的测定

干草产量的测定：不同品种苜蓿于初花期进行刈割，留茬高度为5~6 cm，测产面积1m²，重复3次。每次测产后称500 g鲜样置于烘箱中，然后在60~

65℃环境中烘干，烘干至恒重。烘干后称干重并计算鲜干比，折算干草产量。

2.4.2　苜蓿株高的测定

每次刈割前，分别在各个处理的小区内随机选取20株苜蓿，从主茎基部测其高度，取其平均值即为株高[16]。

2.4.3　苜蓿叶片含量的测定

参照NY/T 1574—2007《豆科牧草干草质量分级》[49]，将不同品种苜蓿所取样品进行茎叶分离后在烘箱中65℃烘干，测定苜蓿茎和叶的干重，计算公式为：

叶片含量（％）＝叶的烘干重/（茎的烘干重+叶的烘干重）

2.4.4　苜蓿营养指标测定

为全面评价不同品种和生育期对苜蓿营养品质的影响，本试验采用NIRS技术[127]对苜蓿的以下7个主要营养指标进行测定和计算。

（1）蛋白质指标：粗蛋白、可溶性蛋白、酸性洗涤不溶蛋白、中性洗涤不溶蛋白和瘤胃降解蛋白。

（2）纤维指标：中性洗涤纤维、酸性洗涤纤维、木质素。

（3）碳水化合物指标：非纤维碳水化合物、非结构性碳水化合物、醇溶性碳水化合物和淀粉。

（4）脂肪及脂肪酸指标：粗脂肪、总脂肪酸、饱和脂肪酸和不饱和脂肪酸。

（5）能量指标：代谢能、泌乳净能、维持净能、增重净能。

（6）灰分及矿物质指标：灰分、钙、磷、镁、钾和硫。

（7）营养品质综合评价指标：牧草总可消化养分、消化率、相对饲喂价值和相对饲料质量。

2.4.5　苜蓿氨基酸指标测定

对不同生育期苜蓿的整株、茎秆和叶片进行取样，参照GB/T 18246—2019《饲料中氨基酸的测定》[128]方法测定其氨基酸含量。

2.4.6　次级代谢产物指标测定

（1）苜蓿黄酮化合物含量测定：参照高微微[129]的方法，进行不同生育期苜蓿的整株、茎秆和叶片的黄酮化合物含量测定。

（2）苜蓿单宁含量测定：对不同生育期苜蓿的整株、茎秆和叶片进行取样，参照GB/T 27985—2011《饲料中单宁的测定　分光光度法》[130]测定其单宁含量。

2.4.7　环境因子测定

采用CR1000人工气象站实时监测试验地周围的主要环境因子（风速、土壤温度、气温、空气相对度、水汽压、和大气压、太阳辐射强度）的变化。其中大气水势可利用下面的经验公式计算[16]：

$$\psi_{大气} = 0.46248 \times T_h R_H$$

式中，$\psi_{大气}$为大气水势（MPa），T为空气绝对温度（K），R_H为空气相对湿度（%）。

2.4.8　含水量的测定

苜蓿不同晾晒时间段的含水量采用减重法进行测定[99]。

2.4.9　干燥速率的测定

干燥速率的计算公式为[16]：

$$V_n = (G_n - G_{n+1}) / T_n$$

式中，V_n为第n个时间段的苜蓿干燥速率（%/h），G_n为第n次测定的苜蓿含水量（%），G_{n+1}为第$n+1$次测定的苜蓿含水量（%），T_n为第n个时间段的时间长度（h）。

2.4.10　灰色关联度的极值母序列分析

通过对不同苜蓿品种和生育期与营养指标之间的相关性进行排序，对其灰色关联度的极值母序列分析[131]，以期研究不同苜蓿品种、生育期对其营养品质的影响。

2.4.11 转录组测序及相关分析

2.4.11.1 转录组测序实验流程

使用RNeasy Plant Mini Kit（Qiagen，Germany）试剂盒按照制造商的说明书从不同品种和不同生育期紫花苜蓿的叶片样品中提取总RNA。通过Agilent 2100生物分析仪（Agilent Technologies，USA）检测RNA样品的质量。通过NEBNext Oligo（dT）25珠（NEB，USA）从50 μL总RNA中富集Poly（A）mRNA。然后按照制造商的说明书，通过用于Illumina的NEBNext Ultra RNA文库制备试剂盒（NEB、USA）将富集的mRNA构建成cDNA文库。将提取的总RNA样品直接送往广州基迪奥生物科技有限公司使用Illumina HiSeq 4000测序平台进行转录组测序，具体实验步骤如图2–1所示。

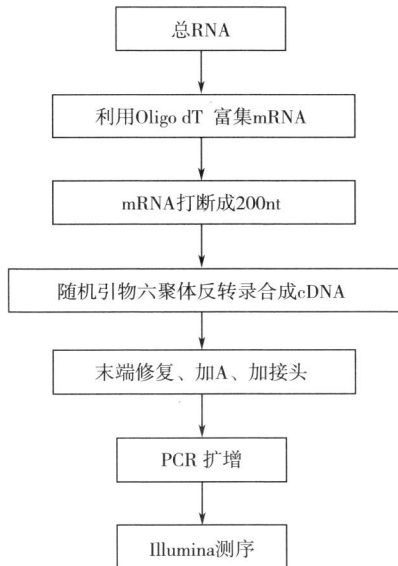

图2–1　实验流程图

2.4.11.2 标准信息分析流程

（1）从头测序组装和单一序列注释。测序得到的原始图像数据先将base calling转化为序列数据，同时过滤数据中这些原始读长，从而得到高质量可用读长。由于以前没有获得紫花苜蓿基因组信息，因此使用参考基因组独立的Trinity方法[132]进行从头测序组装得到单一序列。使用BLASTx程序将单一序列比对到蛋白数据库Nr、Swissprot、KEGG和KOG，其E值阈值为1×10^{-5}。根据最佳比对结果获得蛋白质功能注释。

（2）差异表达基因的选择。测序后的基因使用RPKM法计算基因表达量[133]。使用edgeR软件包来选择品种和生育期间的差异基因。差异表达倍数大于或等于2倍基因被认定是差异基因[134]。对筛选出的差异表达基因进行GO功能富集分析和KEGG途径分析。根据NR注释信息，使用Blast2GO[135]将苜蓿叶片转录本进行功能分类，得到单一序列的GO注释信息。得到每个单一序列的GO注释后，用WEGO软件[136]对所有单一序列做GO功能分类统计。基于KEGG途径分析有助于更进一步了解基因的生物学功能。

（3）趋势分析。趋势分析是针对多个连续型样本（至少3个）的特点（样本间包含特定的时间、空间或处理剂量大小顺序）而对基因的表达模式（在多阶段中表达曲线的形状）进行聚类的方法。然后从聚类结果中挑选符合一定生物学特性（如表达量持续上升）的基因集。使用软件STEM输入一个包含每个样品中的基因表达量（按生物学逻辑将样品顺序排好）的文件，然后选择参数，进行趋势分析。具体分析步骤如图2-2所示。

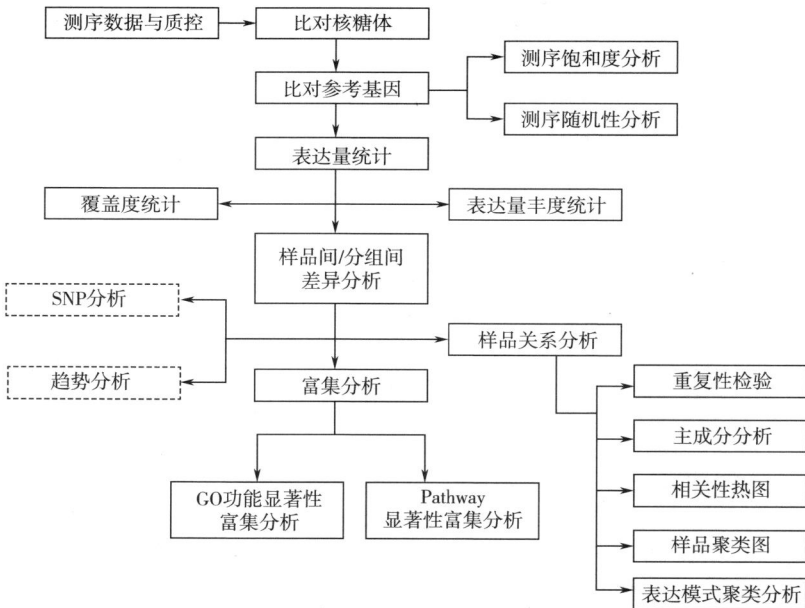

图2-2　RNA-Seq标准信息分析流程图

2.4.12　差异表达基因的 qRT-PCR 验证

采用 qRT-PCR 验证不同品种苜蓿落叶相关基因和不同生育期苜蓿营养品质相关基因的表达情况。分别以准格尔和WL319HQ苜蓿初花期叶片的总RNA为模板，以及WL319HQ苜蓿不同生育期（现蕾期、初花期和盛花期）叶片的总RNA为模板，反转录合成cDNA，反应在ABI7500实时定量 PCR 仪上进行，具体步骤参照The first cDNA Synthesis（with dsDNase）说明书。

荧光定量PCR反应体系20 μL：Mix，10 μL；$10 \times$ ROX，1 μL；上下游引物各0.5 μL；cDNA，1 μL；ddH2O，7 μL。反应程序为：95℃，2 m；95℃，10 s；60℃，30 s；40 个循环。获得溶解曲线和CT值，采用$2^{-\triangle\triangle CT}$法计算目的基因的相对表达量。所有的qRT-PCR反应都设置生物学重复和技术重复（每个样品3个生物学重复，每个生物学重复设置3个技术重复）。验证基因所用引物见附表6。

2.5　数据整理与数据分析

本书中的表和数据的前期处理均利用Microsoft Office Excel 2007软件进行；利用R语言和Sigmaplot软件作图；利用SPSS 19.0软件对数据进行方差分析（ANOVA）和不同生育期与营养指标之间的对应分析。

3 结果与分析

3.1 苜蓿品种对干草产量、品质和落叶性的综合评价

3.1.1 苜蓿品种对干草产量和株高的影响

通过对 5 个苜蓿品种的第一茬初花期株高和干草产量的测定，不同品种间的干草产量和株高差异较大。由图 3-1 可以看出，WL319HQ 苜蓿的产量最高，为 6038.34 kg/hm²，显著高于其他苜蓿品种（$P<0.05$）；准格尔苜蓿的干草产量最低，为 3315.14 kg/hm²，显著低于其他苜蓿品种；而其他几个苜蓿品种之间的干草产量差异不显著。由图 3-2 可以看出，不同品种之间的株高差异明显，株高变化趋势为：WL319HQ>中苜 3 号>WL232HQ>中苜 1 号>准格尔。

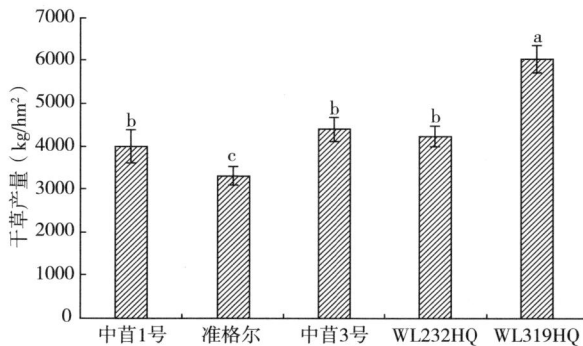

图 3-1 不同苜蓿品种干草产量

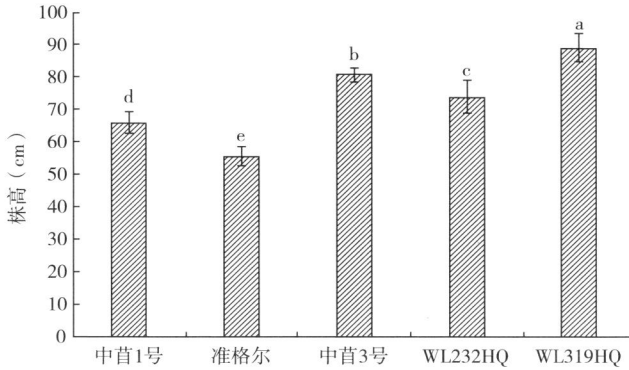

图3-2 不同苜蓿品种株高

3.1.2 苜蓿品种对含叶量的影响

不同苜蓿品种不同生育期叶片含量变化如表3-1所示。在现蕾期，WL319HQ苜蓿叶片含量最高，为42.06%，显著高于准格尔和中苜1号；准格尔苜蓿叶片含量最低，为35.78%，显著低于其他苜蓿品种。在初花期，WL319HQ和WL232HQ苜蓿叶片含量较高，分别为38.63%和38.50%，显著高于其他苜蓿品种；准格尔苜蓿叶片含量最低，为32.23%，显著低于其他苜蓿品种。在盛花期，准格尔苜蓿叶片含量最低，为25.88%，显著低于其他苜蓿品种，而

表3-1 不同苜蓿品种不同生育期叶片含量变化（%）

品种	现蕾期	初花期	盛花期	叶片降低率
中苜1号	38.58 ± 0.71Ab	36.60 ± 1.11Bb	31.97 ± 1.09Ca	19.01 ± 1.35b
准格尔	35.78 ± 1.00Ac	32.23 ± 1.31Bc	25.88 ± 2.81Cb	31.96 ± 5.03a
中苜3号	39.79 ± 1.00Aab	36.10 ± 0.56Bb	30.69 ± 3.98Ca	19.72 ± 5.42b
WL232HQ	41.00 ± 1.90Aab	38.50 ± 0.72Aa	34.96 ± 1.03Ba	20.36 ± 0.70b
WL319HQ	42.06 ± 1.76Aa	38.63 ± 0.68Ba	34.83 ± 1.5Ca	18.89 ± 1.63b

注：不同大写字母表示同一品种的不同生育期差异显著（$P<0.05$）；不同小写字母表示同一生育期的不同品种间差异显著（$P<0.05$）；相同字母表示差异不显著（$P>0.05$）。下同。

其他品种之间的叶片含量差异不显著。随着生育期的推迟，不同苜蓿品种的叶片含量出现逐渐降低的趋势，现蕾期叶片含量>初花期>盛花期，且不同生育期间的叶片含量差异显著（WL232HQ除外）。对于不同苜蓿品种盛花期叶片含量相对于现蕾期，其叶片降低率变化趋势为：准格尔>WL232HQ>中苜3号>中苜1号>WL319HQ。

随着生育期的推迟，苜蓿叶片含量逐渐降低，有两方面原因：一是随着生育期的推迟，苜蓿茎秆的生长速度快，而叶片生长速度慢，叶片含量（%）=叶片烘干重/（叶片烘干重+茎秆烘干重），从而导致叶片含量逐渐降低；二是由于苜蓿在生长过程中叶片不断的脱落，导致叶片含量降低。从叶片降低率可以看出准格尔苜蓿的叶片比其他苜蓿品种容易脱落，而WL319HQ苜蓿叶片不容易脱落。

3.1.3 苜蓿品种对营养品质的影响

3.1.3.1 苜蓿品种对蛋白质指标的影响

在初花期对5个品种苜蓿进行取样，测定其不同蛋白质指标的含量，其结果如表3-2所示。不同品种间的粗蛋白含量变化范围为17.50%~23.73%；其中WL319HQ苜蓿的粗蛋白含量最高，为23.73%，显著高于其他苜蓿品种；而中苜1号和准格尔苜蓿的粗蛋白含量较低，分别为18.63%和17.50%，显著低于其他品种；而中苜3号和WL232HQ苜蓿的粗蛋白含量中等，分别为21.03%和21.20%。对于可溶性蛋白，不同品种间的可溶性蛋白含量变化范围为3.20%~6.73%；其中WL319HQ苜蓿的可溶性蛋白含量最低，为3.20%，显著低于其他品种；准格尔苜蓿的可溶性蛋白含量最高，为6.73%，显著高于其他苜蓿品种（WL232HQ除外）；其他苜蓿品种之间的可溶性蛋白含量差异不显著。对于酸性洗涤不溶蛋白，不同品种间的酸性洗涤不溶蛋白含量变化范围为1.52%~1.88%；其中WL319HQ苜蓿的酸性洗涤不溶蛋白含量最高，为1.88%，显著高于其他苜蓿品种，而其他4个苜蓿品种之间的酸性洗涤不溶蛋白含量差异不显著。对于中性洗涤不溶蛋白，不同品种间的中性洗涤不溶蛋白含量变化范围为2.80%~5.93%；其中WL319HQ苜蓿的中性洗涤不溶蛋白含量最高，为5.93%，显著高于其他苜蓿品种；而准格尔苜蓿的中性洗涤不溶蛋白含量最低，为2.80%，显著低于其他苜蓿品种（中苜1号除外）；其他苜蓿品种之间的中性洗涤不溶蛋白含量差异不显著。对于瘤胃降解蛋白，不同品种间的瘤胃降解蛋白含量变化范围为12.00%~13.63%；其中WL232HQ和WL319HQ的瘤胃降解蛋白含量较高，分别为13.63%和13.43%，显著高于中苜1号（12.00%），而其他苜蓿品种之间的瘤胃降解蛋白含量差异不显著。

表3-2　不同品种苜蓿蛋白质指标含量（%DM）

品种	蛋白质指标				
	粗蛋白	可溶性蛋白	酸性洗涤不溶蛋白	中性洗涤不溶蛋白	瘤胃降解蛋白
中苜1号	18.63 ± 0.06c	5.27 ± 0.35b	1.48 ± 0.02b	3.61 ± 0.23bc	12.00 ± 0.20c
准格尔	17.50 ± 0.92c	6.73 ± 0.68a	1.56 ± 0.08b	2.80 ± 0.50c	12.13 ± 0.76bc
中苜3号	21.03 ± 1.57b	5.67 ± 0.21b	1.58 ± 0.17b	4.45 ± 0.63b	13.33 ± 0.87abc
WL232HQ	21.20 ± 1.95b	6.07 ± 0.76ab	1.52 ± 0.02b	4.20 ± 0.59b	13.63 ± 1.04a
WL319HQ	23.73 ± 1.12a	3.20 ± 0.52c	1.88 ± 0.09a	5.93 ± 0.46a	13.43 ± 0.42ab

注：同一列不同小写字母表示不同品种间差异显著（$P<0.05$）；相同字母表示差异不显著（$P>0.05$）。下同。

3.1.3.2 苜蓿品种对纤维指标的影响

在初花期对5个品种苜蓿进行取样，测定其不同纤维指标的含量，测定结果如表3-3所示。不同品种间的酸性洗涤纤维含量变化范围为31.50%~41.10%；其中准格尔苜蓿的酸性洗涤纤维含量最高，为41.10%，显著高于其他苜蓿品种。其他品种苜蓿的酸性洗涤纤维含量低于40%，且各品种之间的酸性洗涤纤维含量差异不显著；对于中性洗涤纤维，不同品种间的中性洗涤纤维含量变化范围为40.90%~44.03%，其中，准格尔苜蓿的中性洗涤纤维含量最高，为48.13%，显著高于其他苜蓿品种（中苜1号除外）。其他苜蓿品种之间的中性洗涤纤维含量差异不显著；对于木质素，不同品种间的木质素含量变化范围为6.97%~7.98%，不同苜蓿品种之间的木质素含量差异不显著。

表3-3 不同品种苜蓿纤维指标含量（%DM）

品种	纤维指标		
	酸性洗涤纤维	中性洗涤纤维	木质素
中苜1号	36.23 ± 0.64b	44.03 ± 0.86ab	7.98 ± 0.21a
准格尔	41.10 ± 1.75a	48.13 ± 2.31a	7.64 ± 0.46a
中苜3号	31.97 ± 2.97b	42.00 ± 3.65b	6.97 ± 0.86a
WL232HQ	31.50 ± 3.52b	40.90 ± 3.89b	6.98 ± 0.79a
WL319HQ	33.33 ± 2.35b	41.90 ± 1.31b	7.44 ± 0.65a

3.1.3.3 苜蓿品种对碳水化合物指标的影响

在初花期对5个品种苜蓿进行取样，测定其不同碳水化合物指标的含量，其结果如表3-4所示。不同品种间的非纤维碳水化合物含量变化范围为23.33%~29.87%，其中，准格尔苜蓿的非纤维碳水化合物含量最低，为23.33%，显著低于其他苜蓿品种（WL319HQ除外）；其他品种苜蓿的非纤维碳水化合物含量高于25.00%，且各品种之间的非纤维碳水化合物含量差异不显著；对于非结构碳水化合物，不同品种间的非结构碳水化合物含量变化范围为7.77%~12.27%，准格尔和WL319HQ苜蓿的非结构碳水化合物含量最低，都为7.77%，显著低于其他苜蓿品种（中苜1号除外）。其他苜蓿品种之间的非结构碳水化合物含量差异不显著；对于醇溶性碳水化合物，不同品种间的醇溶性碳水化合物含量变化范围为4.70%~8.07%，中苜3号和WL232HQ苜蓿的醇溶性碳水化合物含量较高，分别为8.07%和7.97%，显著高于其他苜蓿品种（中苜1号除外）。WL319HQ苜蓿的醇溶性碳水化合物含量最低，为4.70%，显著低于其他苜蓿品种（准格尔除外）。其他不同苜蓿品种之间的醇溶性碳水化合物含量差异不显著；对于淀粉，不同品种间的淀粉含量变化范围为1.97%~4.20%。其中中苜3号和WL232HQ苜蓿的淀粉含量较高，分别为4.20%和4.07%，显著高于其他苜蓿品种（WL319HQ除外）。其他苜蓿品种之间的淀粉含量差异不显著。

表3-4   不同品种苜蓿碳水化合物指标含量（%DM）

品种	碳水化合物指标			
	非纤维碳水化合物	非结构性碳水化合物	醇溶性碳水化合物	淀粉
中苜1号	27.90 ± 0.89a	9.63 ± 0.8ab	7.50 ± 0.5ab	2.13 ± 0.31b
准格尔	23.33 ± 1.12b	7.77 ± 1.01b	5.80 ± 0.72bc	1.97 ± 0.64b
中苜3号	29.03 ± 4.14a	12.27 ± 3.04a	8.07 ± 1.99a	4.20 ± 1.10a
WL232HQ	29.87 ± 1.79a	12.00 ± 1.73a	7.97 ± 0.95a	4.07 ± 0.78a
WL319HQ	26.00 ± 1.49ab	7.77 ± 0.75b	4.70 ± 0.62c	3.07 ± 0.21ab

3.1.3.4   苜蓿品种对脂肪及脂肪酸指标的影响

在初花期对5个品种苜蓿进行取样，测定其脂肪和脂肪酸指标的含量，研究品种对其脂肪和脂肪酸指标的影响，如图3-3所示。对于总脂肪酸，不同品种之间的总脂肪酸含量变化范围为1.67%~2.36%，其中，WL319HQ的总脂肪酸含量最高，为2.36%，显著高于中苜1号（1.87%）和准格尔（1.67%）。其他苜蓿之间的总脂肪酸含量差异不显著；对于粗脂肪，不同苜蓿品种之间的粗脂肪含量变化范围为2.91%~3.61%。WL319HQ苜蓿的粗脂肪含量最高，为3.61%，显著高于其他苜蓿品种，而其他4个苜蓿品种之间的粗脂肪含量差异不显著。

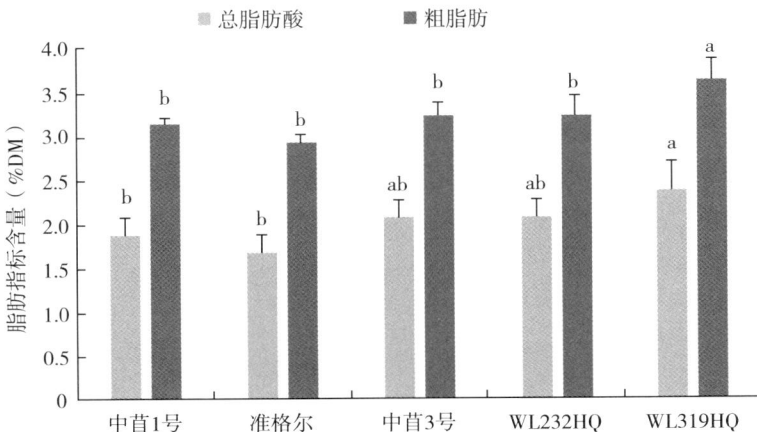

图3-3   不同品种苜蓿脂肪指标含量变化

3.1.3.5 苜蓿品种对能量指标的影响

在初花期对5个品种苜蓿进行取样，测定其不同能量指标的含量，如表3-5所示。不同品种间的代谢能含量变化范围为2.13%~2.33%。其中中苜3号和WL232HQ的代谢能含量较高，分别为2.30%和2.33%，显著高于准格尔（2.13%）。其他品种苜蓿之间的代谢能含量差异不显著；对于泌乳净能，不同品种间的泌乳净能含量变化范围为1.27%~1.43%。其中，WL232HQ苜蓿的泌乳净能含量最高，为1.43%，显著高于中苜1号（1.34%）和准格尔（1.27%）。准格尔苜蓿的泌乳净能含量最低，显著低于其他苜蓿品种（中苜1号除外）。其他苜蓿品种之间的泌乳净能含量差异不显著；对于维持净能，不同品种间的维持净能含量变化范围为1.19%~1.40%。WL232HQ苜蓿的维持净能含量最高，为1.40%，显著高于中苜1号（1.28%）和准格尔（1.19%）。准格尔苜蓿的维持净能含量最低，显著低于其他苜蓿品种（中苜1号除外）。其他苜蓿品种之间的维持净能含量差异不显著；对于增重净能，不同品种间的增重净能含量变化范围为0.63%~0.82%。其中WL232HQ苜蓿的增重净能含量最高，为0.82%，显著高于中苜1号（0.71%）和准格尔（0.63%）。准格尔苜蓿的增重净能含量最低，显著低于其他苜蓿品种（中苜1号除外）；其他苜蓿品种之间的增重净能含量差异不显著。

表3-5 不同品种苜蓿能量指标变化（Mcal/kg）

品种	能量指标			
	代谢能	泌乳净能	维持净能	增重净能
中苜1号	2.20 ± 0.00ab	1.34 ± 0.01bc	1.28 ± 0.02bc	0.71 ± 0.02bc
准格尔	2.13 ± 0.06b	1.27 ± 0.04c	1.19 ± 0.05c	0.63 ± 0.04c
中苜3号	2.30 ± 0.10a	1.42 ± 0.05ab	1.38 ± 0.07ab	0.80 ± 0.07ab
WL232HQ	2.33 ± 0.12a	1.43 ± 0.06a	1.40 ± 0.08a	0.82 ± 0.07a
WL319HQ	2.27 ± 0.06ab	1.40 ± 0.04ab	1.35 ± 0.06ab	0.78 ± 0.05ab

3.1.3.6 苜蓿品种对矿物质指标的影响

在初花期对5个品种苜蓿进行取样，测定其灰分和不同矿物质指标的含量，如表3-6所示。不同品种间的灰分含量变化范围为8.99%~10.96%。其中准格尔苜蓿的灰分含量最高，为10.96%，显著高于其他苜蓿品种（WL319HQ除外）（$P<0.05$）。中苜3号和WL232HQ的灰分含量较低，分别为9.21%和8.99%，显著低于其他苜蓿品种（中苜1号除外）；对钙，不同品种间的钙含量变化范围为0.96%~1.25%。其中中苜3号和WL232HQ苜蓿的钙含量较低，都为0.96%，显著低于其他苜蓿品种。准格尔和中苜1号苜蓿的钙含量较高，分别为1.25%和1.18%，显著高于其他苜蓿品种（WL319HQ除外）；对于磷，不同品种间的磷含量变化范围为0.26%~0.33%。其中准格尔和WL319HQ苜蓿的磷含量最高，都为0.33%，显著高于其他苜蓿品种（中苜3号除外）。中苜1号苜蓿的磷含量最低，为0.26%，显著低于其他苜蓿品种。其他苜蓿品种之间的磷含量差异不显著。对于镁，不同品种间的镁含量变化范围为0.27%~0.33%。其中准格尔苜蓿的镁含量最高，为0.33%，显著高于其他苜蓿品种。WL319HQ苜蓿的镁含量次之，为0.30%，显著高于中苜1号（0.27%）。其他苜蓿品种之间的镁含量差异不显著；对于钾，不同品种间的钾含量变化范围为2.32%~2.96%。其中WL319HQ苜蓿的钾含量最高，为2.96%，显著高于其他苜蓿品种。其他苜蓿品种之间的钾含量差异不显著；对于硫，不同品种间的硫含量变化范围为0.27%~0.35%。其中WL319HQ苜蓿的硫含量最高，为0.35%，显著高于其他苜蓿品种。准格尔苜蓿的硫含量最低，为0.27%，显著低于其他苜蓿品种（中苜1号除外）。其他苜蓿品种之间的硫含量差异不显著。

表3-6　不同品种苜蓿矿物质含量（%DM）

品种	矿物质指标					
	灰分	钙	磷	镁	钾	硫
中苜1号	9.97 ± 0.3bc	1.18 ± 0.07ab	0.26 ± 0.01c	0.27 ± 0.01c	2.32 ± 0.15b	0.30 ± 0.01bc
准格尔	10.96 ± 0.15a	1.25 ± 0.07a	0.33 ± 0.01a	0.33 ± 0.01a	2.35 ± 0.27b	0.27 ± 0.01c
中苜3号	9.21 ± 0.66cd	0.96 ± 0.03c	0.31 ± 0.03ab	0.29 ± 0.01bc	2.38 ± 0.29b	0.31 ± 0.01b
WL232HQ	8.99 ± 0.63d	0.96 ± 0.07c	0.30 ± 0.02b	0.29 ± 0.02bc	2.39 ± 0.26b	0.31 ± 0.03b
WL319HQ	10.67 ± 0.26ab	1.08 ± 0.04b	0.33 ± 0.01a	0.30 ± 0.01b	2.96 ± 0.27a	0.35 ± 0.01a

3.1.3.7 苜蓿品种对营养品质评价指标的影响

在初花期对5个品种苜蓿进行取样，测定其不同营养品质评价指标的含量，如表3-7所示。不同品种间的总可消化养分含量变化范围为57.53%~63.87%。其中准格尔苜蓿的总可消化养分含量最低，为57.53%，显著低于其他苜蓿品种（中苜1号除外）。中苜3号、WL232HQ和WL319HQ的总可消化养分含量较高，分别为63.37%、63.87%和62.63%；不同品种间的消化率含量变化范围为3.61%~3.96%，品种对苜蓿的消化率影响差异不显著；对于相对饲喂价值，不同品种间的相对饲喂价值变化范围为110.33~147.67。其中准格尔苜蓿的相对饲喂价值最低，为110.33，显著其低于他苜蓿品种（相对饲喂价值的数值大于140，中苜1号除外）。其他苜蓿品种之间的相对饲喂价值差异不显著；对于相对饲料质量，不同品种间的相对饲料质量变化范围为110.00~161.00。其中WL319HQ和WL232HQ苜蓿的相对饲料质量较高，分别为161.00和155.50，显著高于其他苜蓿品种（$P<0.05$）。其他苜蓿品种的相对饲料质量变化趋势为：中苜3号（144.00）>中苜1号（124.00）>准格尔（110.00）（$P<0.05$）。

表3-7　不同品种苜蓿营养评价指标变化

品种	综合评价指标			
	总可消化养分（%DM）	中性洗涤纤维消化率（%）	相对饲用价值	相对饲料质量
中苜1号	60.17 ± 0.55bc	3.69 ± 0.14a	128.00 ± 3.61ab	124.00 ± 3.00c
准格尔	57.53 ± 1.25c	3.62 ± 0.3a	110.33 ± 8.08b	110.00 ± 2.00d
中苜3号	63.37 ± 1.99a	3.61 ± 0.16a	143.00 ± 16.46a	144.00 ± 3.46b
WL232HQ	63.87 ± 2.24a	3.75 ± 0.41a	147.67 ± 19.30a	155.50 ± 4.50a
WL319HQ	62.63 ± 1.69ab	3.96 ± 0.8a	140.00 ± 7.81a	161.00 ± 3.61a

3.1.4 苜蓿品种生产性能与品质的综合评价

通过对5个苜蓿品种的干草产量、株高、粗蛋白、酸性洗涤纤维、中性洗涤纤维和木质素6项常用指标做灰色关联度分析，根据其关联度大小来确定苜蓿品种与最优指标集的差异性，根据其关联度大小进行排序，其关联度越大，表示该苜蓿品种与最优指标集的相似程度越高，从而综合评定出5个苜蓿品种的适应性强弱，筛选出最适合包头地区种植的苜蓿品种。不同品种苜蓿的6项指标与极值母序列的关联度分析如表3–8所示，WL319HQ的关联度最高，为0.8108，排名第一，最适合在包头地区种植；其后依次排序为WL232HQ—中苜3号—中苜1号—准格尔。

表3–8 不同品种苜蓿的主要性状指标与极值母序列的关联度及排序

品种	干草产量（kg/hm²）	株高（cm）	粗蛋白（%DM）	酸性洗涤纤维（%DM）	中性洗涤纤维（%DM）	木质素（%DM）	关联度	排序
中苜1号	4011.22	65.90	18.63	36.23	44.03	7.98	0.5447	4
准格尔	3315.14	55.55	17.50	41.10	48.13	7.64	0.5134	5
中苜3号	4397.68	80.74	21.03	31.97	42.00	6.97	0.5566	3
WL232HQ	4232.24	73.86	21.20	31.50	40.90	6.98	0.6043	2
WL319HQ	6038.34	89.28	23.73	33.33	41.90	7.44	0.8108	1
X_0	6038.34	89.28	23.73	31.50	40.90	6.97	1.0000	—

注：X_0 为参考数列。（实际不存在）

3.2 基于转录组测序控制苜蓿落叶关键基因的筛选

3.2.1 转录组测序结果分析

3.2.1.1 转录组测序和组装

从5个苜蓿品种中挑选落叶性差距比较大的2个苜蓿品种（准格尔易落叶，WL319HQ不易落叶）进行转录组测序，其转录组质量如表3–9和图3–4所示。为了比较准格尔和WL319HQ的差异基因，取2个紫花苜蓿品种的初花期叶片，每个品种3个生物学重复，共产生了6个测序文库。对所有样品混合并进行测序，以此作为参考文库，共得到了约39 G的总的核苷酸，2亿多个读长。其中每个测序文库得到约6.5 G的核苷酸，约4300万个读长，其中质量不低于20的碱基比例（Q20）均超过了96%，不能测序的核苷酸"N"的百分比为0.00%，碱基G和C数占总碱基数的百分比大于42%；高质量的读长通过

表3-9　不同苜蓿品种样品测序数据统计结果

文库	总数	总核苷酸数（nt）	平均长度（nt）	Q20百分比（%）	N百分比（%）	碱基GC百分比（%）	N50
参考文库	261775004	39202954927	150	96.67	0.00	42.64	—
准格尔1	43694836	6544668583	150	96.74	0.00	42.35	—
准格尔2	43209430	6472935232	150	96.83	0.00	42.79	—
准格尔3	44857272	6719383735	150	96.31	0.00	42.79	—
WL319HQ1	42117086	6304978081	150	96.46	0.00	42.73	—
WL319HQ2	44478214	6659587206	150	96.93	0.00	42.59	—
WL319HQ3	43418166	6501402090	150	96.73	0.00	42.62	—
Unigene	66734	57991848	869	—	—	39.98	1496

注：Q20百分比表示具有低于1%的测序错误率的序列的百分比。N百分比是不能测序的核苷酸的百分比。

苜蓿单一序列长度分布

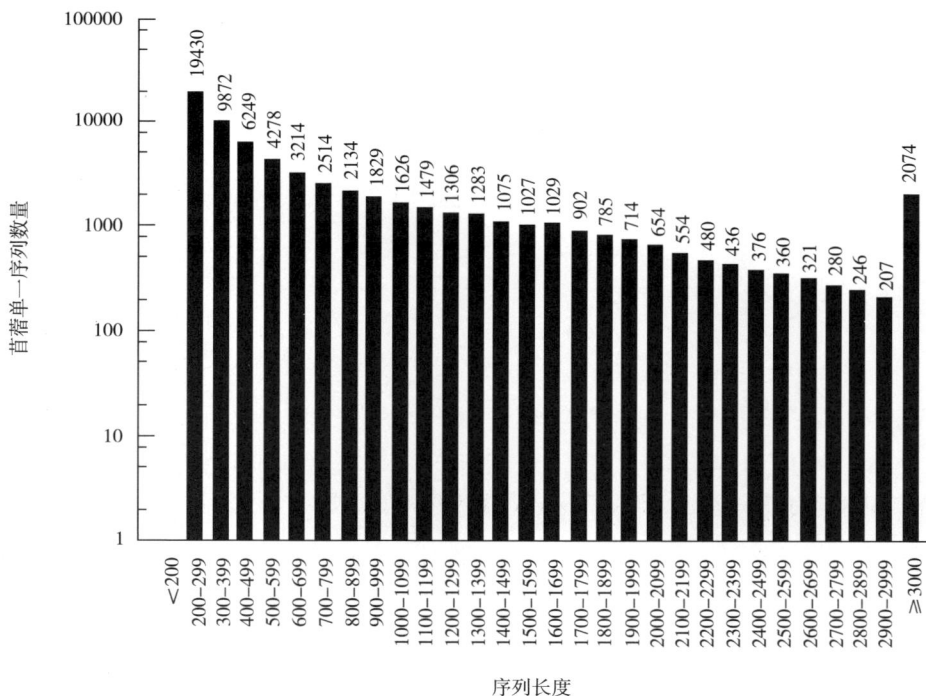

图3-4　2个苜蓿品种的单一序列数目及其长度分布

Trinity组装得到66734个单一序列，平均长度为869 nt，其中N50为1496（表3-9）。这些单一序列的长度大部分分布在200~3000 nt之间。以上结果表明本转录组的测序和组装质量较高，可以进行进一步分析。

3.2.1.2　从头测序组装结果的评估分析

鹰嘴豆、大豆、蒺藜苜蓿和紫花苜蓿都属于豆科。将紫花苜蓿的单一序列分别与鹰嘴豆、大豆和蒺藜苜蓿的直系同源编码序列进行比较，以评估紫花苜蓿单一序列的转录本覆盖程度（表3-10）。总共有26474个、24230个和28904个单一序列分别匹配到鹰嘴豆、大豆和蒺藜苜蓿，其中有590个（2.23%）、457个（1.89%）和343个（1.19%）单一序列的长度分别与鹰嘴豆、大豆和蒺藜苜蓿的同源基因相等（Ratio=1）；有3001个（11.34%）、3317个（13.69%）和2785个（9.64%）单一序列的长度分别小于鹰嘴豆，大豆和蒺藜苜蓿的同源基因（Ratio<1）；有22883个（86.43%）、20456个（84.42%）和25776个（89.17%）个单一序列的长度分别大于鹰嘴豆，大豆和蒺藜苜蓿的同源基因（Ratio>1）。如表3-11所示，9636个（58.71%）鹰嘴豆同源基因、6382个（34.68%）大豆同源基因和8195个（49.06%）蒺藜苜蓿同源基因可以被单一序列覆盖，覆盖率大于80%；覆盖百分比为50%~80%的3367个（20.52%）鹰嘴豆同源基因、4810个（26.13%）大豆同源基因和2969个（17.77%）蒺藜苜蓿同源基因被单一序列覆盖；另外有2085个（12.71%）鹰嘴豆同源基因、3779个（20.53%）大豆同源基因和3330个（19.93%）蒺藜苜蓿同源基因能够被单一序列覆盖，覆盖百分比为20%~50%；此外，有1322个（8.06%）鹰嘴豆同源基因、3434个（18.66%）大豆同源基因和2785个（13.24%）蒺藜苜蓿同源基因仅被20%的单一序列覆盖。

表3-10　单一序列长度/直系同源物长度的比率

直系同源物种	Ratio<1	Ratio=1	Ratio>1	计数
鹰嘴豆	3001（11.34%）	590（2.23%）	22883（86.43%）	26474
大豆	3317（13.69%）	457（1.89%）	20456（84.42%）	24230
蒺藜苜蓿	2785（9.64%）	343（1.19%）	25776（89.17%）	28904

表3-11　单一序列/Ortholog覆盖百分比

直系同源物种	覆盖≤20%	20%<覆盖≤50%	50%<覆盖≤80%	覆盖>80%
鹰嘴豆	1322（8.06%）	2085（12.71%）	3367（20.52%）	9636（58.71%）
大豆	3434（18.66%）	3779（20.53%）	4810（26.13%）	6382（34.68%）
蒺藜苜蓿	2212（13.24%）	3330（19.93%）	2969（17.77%）	8195（49.06%）

3.2.1.3　基因注释结果分析

使用blastx（E值<1×10⁻⁵）将本转录组得到的单一序列与Nr、Swissprot、KOG和KEGG四大公共蛋白数据库进行比对，其注释结果如表3-12所示。Nr数据库注释到44888（67.26%）条单一序列，Swissprot、KOG和KEGG数据库分别注释到29190（43.74%）、24844（37.23%）和15647（23.45%）条单一序列。对比4个蛋白数据库，共有45657（68.42%）条单一序列被注释，有21077（31.58%）条单一序列没有被注释到，而这21077条单一序列可能是本试验材料特有的基因，有待后续更加深入的研究。如图3-5所示，大约有11690条单一序列被同时注释到4个蛋白数据库，有47条单一序列只注释到KEGG数据库，40条单一序列单独注释到KOG数据库，12156条单一序列单独注释到Nr数据库，有287条单一序列单独注释到Swissprot数据库。

表3-12　不同品种苜蓿基因注释结果统计表

数据库	单一序列数量	注释百分比
Nr	44888	67.26
Swissprot	29190	43.74
KOG	24844	37.23
KEGG	15647	23.45
注释基因	45657	68.42
没有注释的基因	21077	31.58
总和	66734	100

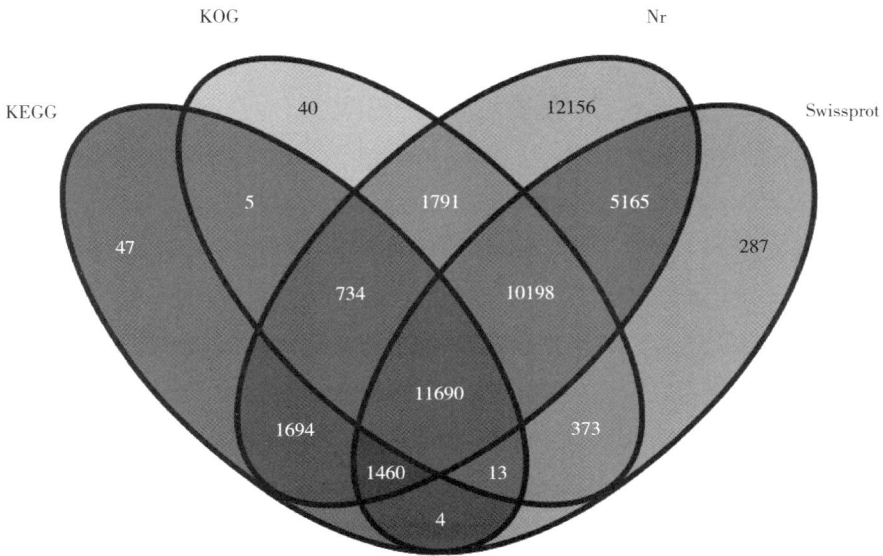

图3-5　由blastx注释的不同品种苜蓿单一序列数量的维恩图

基于四大蛋白数据库注释和校正值分布结果统计如表3-13所示，对于KOG数据库来说，6786条（27.31%）单一序列具有同源性（$1E^{-20} <$ evalue $< 1E^{-5}$），10268条（41.33%）单一序列具有较强的同源性（$1E^{-100} \leqslant$ evalue $\leqslant 1E^{-20}$），7790条（31.35%）单一序列具有很强的同源性（evalue $< 1E^{-100}$）；对于Swissprot数据库来说，8073条（27.66%）单一序列具有同源性（$1E^{-20} <$ evalue $< 1E^{-5}$），12819条（43.91%）单一序列具有较强的同源性（$1E^{-100} \leqslant$ evalue $\leqslant 1E^{-20}$），8298条（31.35%）单一序列具有很强的同源性（evalue $< 1E^{-100}$）；对于KEGG数据库来说，2630条（16.81%）单一序列具有同源性（$1E^{-20} <$ evalue $< 1E^{-5}$），5968条（38.14%）单一序列具有较强的同源性（$1E^{-100} \leqslant$ evalue $\leqslant 1E^{-20}$），7049条（45.05%）单一序列具有很强的同源性（evalue $< 1E^{-100}$）；对于Nr数据库来说，8644条（19.26%）注释到的单一序列具有同源性（$1E^{-20} <$ evalue $< 1E^{-5}$），19068条（42.48%）单一序列具有很强的同源性（$1E^{-100} \leqslant$ evalue $\leqslant 1E^{-20}$），而17176条（38.26%）单一序列具有很强的同源性（evalue $< 1E^{-100}$）。

表3-13　单一序列与4个蛋白数据库比对的evalue分布表

数据库	$1E^{-20} < evalue \leqslant 1E^{-5}$	$1E^{-100} < evalue \leqslant 1E^{-20}$	$0 <= evalue \leqslant 1E^{-100}$	总计
KOG	6786（27.31%）	10268（41.33%）	7790（31.35%）	24844（100%）
Swissprot	8073（27.66%）	12819（43.91%）	8298（28.43%）	29190（100%）
KEGG	2630（16.81%）	5968（38.14%）	7049（45.05%）	15647（100%）
Nr	8644（19.26%）	19068（42.48%）	17176（38.26%）	44888（100%）

注：evalue值为单一序列与数据库中匹配序列为同源序列的假阳性概率，值越小，其同源性越高。

　　利用 blastx 将组装出来的单一序列与 Nr 数据库进行比对后，取每个单一序列在Nr库中比对结果最好（evalue值最低）的那一条序列为对应同源序列（如有并列，取第一条），确定同源序列所属物种，统计比对到各个物种的同源序列数量如图3-6所示。大多数序列（33441条）与蒺藜苜蓿具有最高的同源性，其次是鹰嘴豆（2679）、木豆（1058）、大豆（551）、甘蓝型油菜（533）、野大豆（428）、地三叶（300）、可可树（281）、紫花苜蓿（279）、赤豆（227）；其余的5011条单一序列与其他物种的同源性较低。

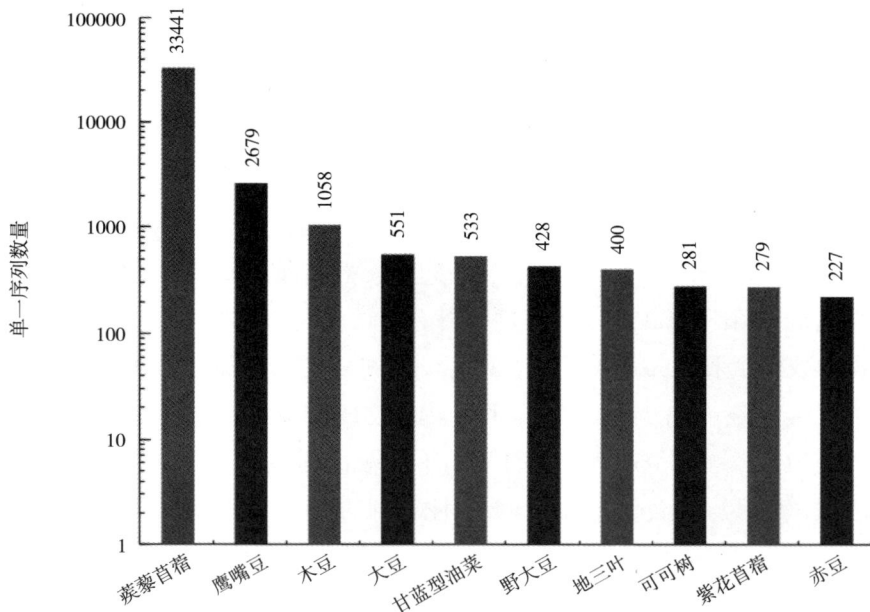

图3-6　在Nr数据库中使用blastx比对上的前10名物种的单一序列数量（不同品种）

为了进一步评估本转录组获得的单一序列的完整性，预测和分类可能的功能，在KOG数据库中进行了搜索，其结果如图3-7所示。共有24844条单一序列与KOG数据库中的已知序列具有显著的同源性，因为有的基因序列被标注为多个KOG分类，所以共有40465条单一序列被注释，涉及25个不同的功能类群。通用功能预测包含8970条单一序列，是最大的功能类群；其次是信号转导机制（5075），蛋白翻译后的修饰、转换、伴侣（4436），RNA加工与修饰（2331），翻译、核糖体结构和生物起源（2091）；只有少数单一序列被注释为细胞运动（17），细胞外结构（113）和核结构（128）。

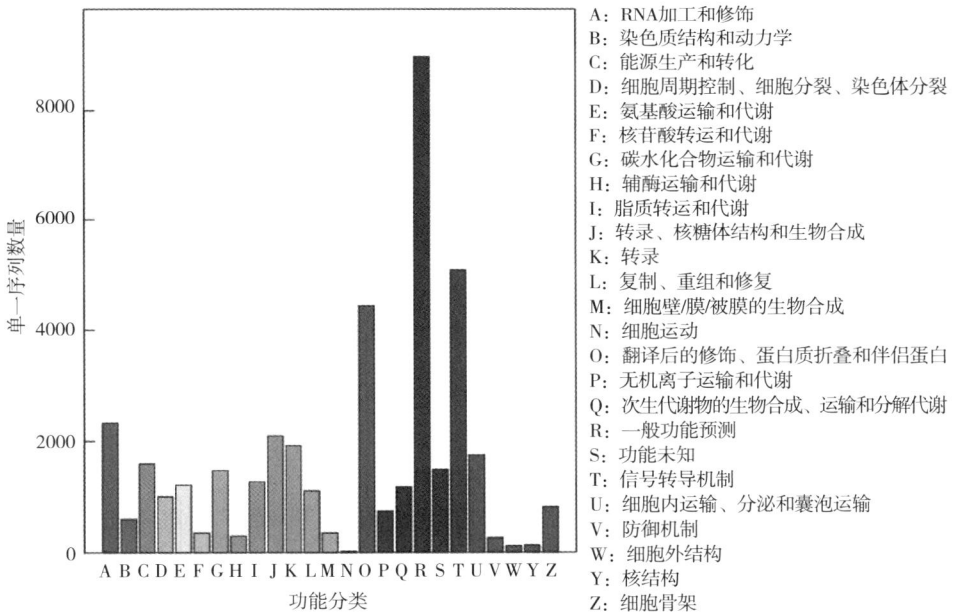

A: RNA加工和修饰
B: 染色质结构和动力学
C: 能源生产和转化
D: 细胞周期控制、细胞分裂、染色体分裂
E: 氨基酸运输和代谢
F: 核苷酸转运和代谢
G: 碳水化合物运输和代谢
H: 辅酶运输和代谢
I: 脂质转运和代谢
J: 转录、核糖体结构和生物合成
K: 转录
L: 复制、重组和修复
M: 细胞壁/膜/被膜的生物合成
N: 细胞运动
O: 翻译后的修饰、蛋白质折叠和伴侣蛋白
P: 无机离子运输和代谢
Q: 次生代谢物的生物合成、运输和分解代谢
R: 一般功能预测
S: 功能未知
T: 信号转导机制
U: 细胞内运输、分泌和囊泡运输
V: 防御机制
W: 细胞外结构
Y: 核结构
Z: 细胞骨架

图3-7   2个苜蓿品种转录组的KOG分类图

3.2.1.4   差异基因的筛选

通过对2个不同紫花苜蓿品种的转录组测序，在错误发现率<0.05 且|log2 Fold change（FC）|>1的筛选条件下找到准格尔和WL319HQ紫花苜蓿品种之间的差异表达基因。如图3-8所示，在2个紫花苜蓿叶片中找到1098条差异基因，其中有706条单一序列上调，392条单一序列下调（准格尔-vs-

WL319HQ）。得到的差异表达基因用于后续分析。

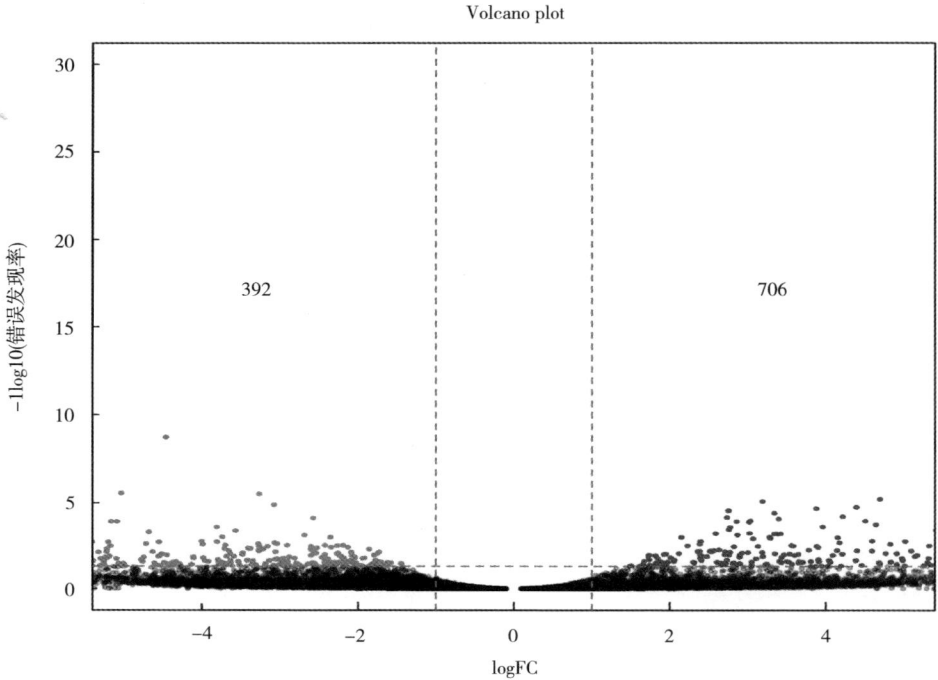

图3-8 2个紫花苜蓿叶片的差异基因分析火山图

注：横坐标表示两个样品的差异倍数对数值，纵坐标表示两个样品的错误发现率的负log10值。红色（WL319HQ相对于准格尔表达量上调）和绿色（表达量下调）的点表示基因的表达量有差异（判断标准为错误发现率＜0.05，差异倍数两倍以上），黑色的点为没有差异。

3.2.1.5 GO功能注释

根据Nr注释结果，使用Blast2GO分析单一序列的GO功能注释，并使用WEGO软件对单一序列进行功能分类，基于序列相似性，将1098个差异基因分配给一个或多个本体，如附表1所示。通过GO功能注释，在生物过程本体中，"代谢过程""细胞过程""刺激反应"和"单一生物过程"富集基因相对较多，分别有288、260、174和159条单一序列；其中"代谢过程"中有195条上调单一序列和93条下调单一序列，"细胞过程"中有170条上调单一序列和90条下调单一序列，"刺激反应"中有131条上调单一序列和43条下调单一序列，"单一生物过程"中的单一序列有109条上调和50条下调，"免疫系统过程"和"节律过程"富集的基因较少，只有2条单一序列。在细胞组分本体中，大多数基因被注释到"细胞"（210条上调、46条下调）、"细胞部分"（210条上调、46条下调）和"细胞器"（156条上调、30条下调）。对于分子功能本体，"结合"（169条上调、97条下调）和"催化活性"（124条上调、99条下调）是富集基因较多的功能类别。

3.2.1.6 KEGG代谢通路富集分析

基于KEGG代谢通路的分析可以帮助更好地了解基因的生物学功能，2个品种苜蓿叶片转录组的KEGG数据库注释的代谢通路如附表2所示。有8414个基因注释到87个代谢通路中，这些基因中有281个差异基因。其中单一序列数量注释排名前15的代谢通路分别是：核糖体（ko03010）、剪接体（ko03040）、内质网中的蛋白质加工（ko0414）、碳代谢（ko01200）、内吞作用（ko04144）、氨基酸的生物合成（ko01230）、RNA转运（ko03013）、植物-病原互作（ko04626）、淀粉和蔗糖代谢（ko00500）、氧化磷酸化（ko00190）、核苷酸切除修复（ko03420）、植物激素信号转导（ko04075）、DNA复制（ko0303）、泛素介导的蛋白水解（ko04120）和同源重组（ko03440）途径。

目前关于苜蓿落叶基因的相关报道较少，只能借鉴其他植物生长过程中的植株衰老脱落、落花、落果相关研究。通过查阅文献发现，控制植物组织器官脱落的主要原因是由于植物内源激素导致，其中影响其器官脱落的最主要激素是脱落酸和乙烯。因此，在87条KEGG通路中，找到了3条直接或间接影响脱落酸和乙烯含量的代谢通路，分别为：①植物激素信号转导途径（ko04075），该代谢通路中注释了294条单一序列，其中有6个差异基因；②昼夜节律-植物（ko04712），共注释了61条单一序列，其中有4条差异基因；③类胡萝卜素生物合成（ko00906），共注释了44条单一序列，其中只有1条差异基因。将找出的3条代谢通路和差异基因用于后续落叶基因筛选分析。

3.2.2 控制苜蓿落叶的关键基因筛选

将筛选的和苜蓿落叶相关的代谢通路和通路中的差异基因统计，如表3-14所示。在植物激素信号转导（ko04075）代谢通路中共有6个差异基因，分别为*PIF3*（WL319HQ比准格尔苜蓿下调了-3.71倍）、*ETR*（-1.83）、

表3-14 苜蓿落叶相关代谢通路及其基因统计

通路	基因	准格尔_rpkm	WL319HQ_rpkm	log2 Ratio（WL319HQ/准格尔）	P值	错误发现率	预测功能
植物激素信号转导（ko04075）	Unigene0002039	41.73643333	3.179166667	−3.714586761	0.000533524	0.037753713	PIF3
	Unigene0027311	37.25433333	10.5048	−1.826359551	0.000555932	0.03887852	ETR
	Unigene0030651	38.9327	4.859166667	−3.002201578	0.00022183	0.022004764	MYC2
	Unigene0030464	20.6868	2.729066667	−2.922230952	0.000321255	0.027941987	TUBA
	Unigene0032887	0.297666667	4.169566667	3.808127876	0.000822199	0.04949 6927	GH
	Unigene0044746	1.666	0.001	−10.70217269	2.54E−05	0.006200948	ARF
植物昼夜节律（ko04712）	Unigene0002039	41.73643333	3.179166667	−3.714586761	0.000533524	0.037753713	PIF3
	Unigene0053032	22.9985	5.944	−1.952033748	0.000723691	0.045739518	CRY
	Unigene0053251	9.633366667	2.815766667	−1.774512291	0.000631259	0.041837285	PHYB
	Unigene0064076	0.001	2.308133333	11.17251085	0.000301405	0.026746844	FT
类胡萝卜素生物合成（ko00906）	Unigene0014585	2.2793	0.0706	−5.01277883	0.000749577	0.046745685	NCED3

$MYC2$（-3.00）、$TUBA$（-2.92）、GH（3.81）、ARF（10.70）；从中筛选出直接或者间接影响脱落酸和乙烯含量的5个差异基因（分别为$PIF3$、ETR、TUB、AGH、ARF）作为控制苜蓿落叶的候选基因。在昼夜节律-植物（ko04712）代谢通路中，其中有4个差异基因，分别为$PIF3$（-3.71）、CRY（-1.95）、$PHYB$（-1.77）、FT（11.17）；其中FT基因是控制植物开花的基因，而且可以看出$PIF3$基因在植物激素信号转导和昼夜节律-植物代谢通路同时起作用，可能$PIF3$基因对控制苜蓿落叶作用较大；从中筛选出直接或者间接影响脱落酸和乙烯含量的2个差异基因（分别为CRY、$PHYB$）作为控制苜蓿落叶的候选基因。在类胡萝卜素生物合成（ko00906）的代谢通路中只有1条差异基因，名为$NCED3$，该基因在WL319HQ苜蓿中的表达量比准格尔苜蓿下调了-5.01倍，该差异基因为脱落酸生物合成的关键基因，因此，笔者将$NCED3$确定为控制苜蓿落叶的候选基因。综上所述，试验共筛选出8个控制苜蓿落叶的候选基因，分别为$PIF3$、ETR、TUB、GH、ARF、CRY、$PHYB$、$NCED3$，将筛选出的8个控制苜蓿落叶的候选基因用作后续验证。

3.2.3 与苜蓿落叶相关基因的qRT-PCR验证

在转录组测序数据中所筛选的8个控制苜蓿落叶基因在WL319HQ和准格尔苜蓿中的表达量为：为$PIF3$（-3.71）、ETR（-1.83）、$TUBA$（-2.92）、GH（3.81）、ARF（-10.70）、CRY（-1.95）、$PHYB$（-1.77）、$NCED3$（-5.01）。为了验证本转录组数据的可靠性，将这8个基因采用qRT-PCR技术进行验证，其验证结果如图3-9所示。以苜蓿的$GAPDH$基因用作内源参照，通过t检验分析了两个品种之间qRT-PCR数据的表达差异。除了$TUBA$（$P=0.165$）和GH（$P=0.246$）的表达量和转录组数据的表达量趋势相反，而且在WL319HQ和准格尔苜蓿中的表达量差异不显著（$P>0.05$）。其他的6个基因ARF（$P=0.033$）、$PIF3$（$P=0.043$）、ETR（$P=0.014$）、$PHYB$（$P=0.047$）、CRY（$P=0.049$）和$NCED3$（$P=0.04$）在两个品种之间的荧光定量表达差异显著（$P<0.05$），并且qRT-PCR验证基因的表达趋势与转录组测序的表达趋势一致。因此，初步将这6个基因（ARF、$PIF3$、ETR、$PHYB$、CRY和$NCED3$）确定为控制苜蓿落叶的基因。

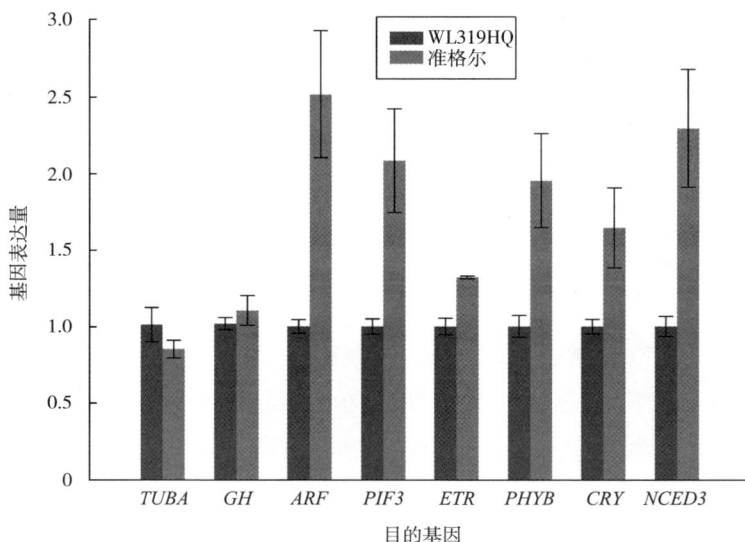

图3-9　8个苜蓿落叶候选基因的qRT-PCR分析

注：8个候选基因在WL319HQ和准格尔苜蓿中的实时表达量的差异显著性分别为 *TUBA*（*P*=0.165）、*GH*（*P*=0.246）、*ARF*（*P*=0.033）、*PIF3*（*P*=0.043）、ETR（*P*=0.014）、*PHYB*（*P*=0.047）、*CRY*（*P*=0.049）、*NCED3*（*P*=0.04）。

3.3　基于转录组测序的控制苜蓿营养品质关键基因的筛选

3.3.1　生育期对苜蓿主要营养指标的影响

3.3.1.1　生育期对苜蓿蛋白质指标的影响

（1）不同生育期苜蓿不同部位的粗蛋白含量变化。通过对不同生育期苜蓿的不同部位取样，研究生育期和苜蓿植株部位对粗蛋白含量的影响，如表3-15所示。随着生育期的推迟，苜蓿不同部位的粗蛋白含量整体呈现出逐渐降低的趋势。其中对于整株，不同生育期的粗蛋白含量差异显著，现蕾期苜蓿整株的粗蛋白含量最高，为20.67%，显著高于初花期和盛花期。盛花期的粗蛋白含量最低，为17.63%，相对于现蕾期降低了14.71%；对于苜蓿茎秆，现蕾期的粗蛋白含量最高，为11.63%，显著高于初花期和盛花期，而初花期（10.23%）与盛花期（10.47%）的粗蛋白含量差异不显著。盛花期相对于现蕾期的苜蓿茎秆粗蛋白含量降低了9.97%；对于苜蓿叶片，现蕾期的苜蓿叶片粗蛋白含量（29.30%）>初花期（28.80%）>盛花期（26.50%），且不同生育期的粗蛋白含量差异显著（$P<0.05$）。盛花期的苜蓿叶片粗蛋白含量相对于现蕾期降低了9.56%。

表3-15 不同生育期苜蓿不同部位的粗蛋白含量差异（%DM）

部位	生育期			粗蛋白的降低率（%）
	现蕾期	初花期	盛花期	
整株	20.67 ± 0.12Ab	19.63 ± 0.15Bb	17.63 ± 0.31Cb	14.71
茎秆	11.63 ± 0.21Ac	10.23 ± 0.12Bc	10.47 ± 0.12Bc	9.97
叶片	29.30 ± 0.10Aa	28.80 ± 0.20Ba	26.50 ± 0.10Ca	9.56
叶片粗蛋白/茎秆粗蛋白	2.52	2.82	2.53	—

注：不同大写字母表示同一植株部位的不同生育期差异显著（$P<0.05$）；不同小写字母表示同一生育期的不同植株部位差异显著（$P<0.05$）；相同字母表示差异不显著（$P>0.05$）。下同。

从苜蓿不同植株部位来看，不同生育期苜蓿叶片的粗蛋白含量>整株>茎秆，且不同部位间的粗蛋白含量差异显著（$P<0.05$）。对于现蕾期，叶片的粗蛋白含量最高，为29.30%，其次是整株的粗蛋白含量为20.67%，最低的为茎秆的11.63%。叶片的粗蛋白含量是茎秆的2.52倍；对于初花期，叶片的粗蛋白含量（28.80%）>整株（19.63%）>茎秆（10.23%），叶片的粗蛋白含量是茎秆的2.82倍；对于盛花期，叶片的粗蛋白含量（26.50%）>整株（17.63%）>茎秆（10.47%），叶片的粗蛋白含量是茎秆的2.53倍。

整体分析发现，苜蓿生育期和植株部位对其粗蛋白含量的影响较大。从现蕾期到盛花期其粗蛋白含量逐渐降低，降低率9.56%~14.71%；不同部位的粗蛋白含量变化差异为叶片>整株>茎秆，其叶片的粗蛋白含量是茎秆的2.50倍以上。

（2）不同生育期苜蓿不同部位的可溶性蛋白含量变化。通过对不同生育期苜蓿不同部位取样，研究生育期和苜蓿植株部位对可溶性蛋白含量的影响，如表3-16所示。对于整株，随着生育期推迟，其可溶性蛋白含量呈现出逐渐降低的趋势，现蕾期苜蓿整株的可溶性蛋白含量最高，为8.10%，显著高于初

花期和盛花期，初花期和盛花期苜蓿整株的可溶性蛋白含量差异不显著。盛花期的可溶性蛋白含量最低，为5.40%，相对于现蕾期降低了33.33%；对于苜蓿茎秆，随着生育期推迟，其可溶性蛋白含量呈现出先降低后升高的趋势，现蕾期的可溶性蛋白含量最高，为5.50%，显著高于初花期和盛花期，而初花期（3.73%）显著低于盛花期（4.07%）的可溶性蛋白含量。盛花期相对于现蕾期的苜蓿茎秆可溶性蛋白含量降低了26.00%；对于苜蓿叶片，随着生育期推迟，其可溶性蛋白含量呈现出先降低后升高的趋势，现蕾期的苜蓿叶片可溶性蛋白含量（10.17%）>盛花期（7.96%）>初花期（7.60%），且不同生育期的可溶性蛋白含量差异显著。盛花期的苜蓿叶片可溶性蛋白含量相对于现蕾期降低了21.73%。

表3-16   不同生育期苜蓿不同部位的可溶性蛋白含量差异（%DM）

部位	生育期			可溶性蛋白的降低率（%）
	现蕾期	初花期	盛花期	
整株	8.10 ± 0.10Ab	5.57 ± 0.15Bb	5.40 ± 0.10Bb	33.33
茎秆	5.50 ± 0.10Ac	3.73 ± 0.15Cc	4.07 ± 0.15Bc	26.00
叶片	10.17 ± 0.08Aa	7.60 ± 0.10Ca	7.96 ± 0.06Ba	21.73
叶片可溶性蛋白/茎秆可溶性蛋白	1.85	2.04	1.96	—

从苜蓿不同植株部位来看，不同生育期苜蓿叶片的可溶性蛋白含量>整株>茎秆，且不同部位间的可溶性蛋白含量差异显著。对于现蕾期，叶片的可溶性蛋白含量最高，为10.17%，其次是整株的可溶性蛋白含量为8.10%，最低的是茎秆可溶性蛋白含量5.50%，现蕾期叶片的可溶性蛋白含量是茎秆的1.85倍；对于初花期，叶片的可溶性蛋白含量（7.60%）>整株（5.57%）>茎秆（3.73%），初花期叶片的可溶性蛋白含量是茎秆的2.04倍；对于盛花期，叶片的可溶性蛋白含量（7.96%）>整株（5.40%）>茎秆（4.07%），盛花期叶片的可溶性蛋白含量是茎秆的1.96倍。

整体分析发现，苜蓿生育期和植株部位对其可溶性蛋白含量的影响较大。随着生育期推迟，苜蓿的可溶性蛋白含量呈现出降低的趋势，其降低率为

21.73%~33.33%；对于苜蓿茎秆和叶片，从现蕾期到盛花期其可溶性蛋白含量呈现出先降低后升高的趋势；不同部位的可溶性蛋白含量变化差异为叶片>整株>茎秆，其叶片的可溶性蛋白含量是茎秆的1.80倍以上。

（3）不同生育期苜蓿不同部位的酸性洗涤不溶蛋白含量变化。通过对不同生育期苜蓿不同部位取样，研究生育期和苜蓿植株部位对酸性洗涤不溶蛋白含量的影响，如表3-17所示。对于整株，随着生育期推迟，其酸性洗涤不溶蛋白含量呈现出先升高后降低的趋势，现蕾期苜蓿整株的酸性洗涤不溶蛋白含量最低，为1.19%，显著低于初花期和盛花期，初花期和盛花期苜蓿整株的酸性洗涤不溶蛋白含量差异不显著。盛花期的酸性洗涤不溶蛋白含量相对于现蕾期升高了2.52%；对于苜蓿茎秆，随着生育期推迟，其酸性洗涤不溶蛋白含量呈现出逐渐升高的趋势，现蕾期的酸性洗涤不溶蛋白含量最低，为1.19%，显著低于初花期和盛花期。初花期（1.37%）与盛花期（1.42%）的酸性洗涤不溶蛋白含量差异不显著，盛花期相对于现蕾期的苜蓿茎秆酸性洗涤不溶蛋白含量升高了19.33%；对于苜蓿叶片，随着生育期推迟，其酸性洗涤不溶蛋白含量呈现出先降低后升高的趋势，盛花期的苜蓿叶片酸性洗涤不溶蛋白含量最高，为1.15%，显著高于现蕾期和初花期，而现蕾期（1.06%）与初花期（1.02%）苜蓿叶片的酸性洗涤不溶蛋白含量差异不显著。盛花期的苜蓿叶片酸性洗涤不溶蛋白含量相对于现蕾期升高了8.49%。

表3-17 不同生育期苜蓿不同部位的酸性洗涤不溶蛋白含量差异（%DM）

部位	生育期			酸性洗涤不溶蛋白的升高率（%）
	现蕾期	初花期	盛花期	
整株	1.19 ± 0.02Ba	1.23 ± 0.01Ab	1.22 ± 0.01Ab	2.52
茎秆	1.19 ± 0.01Ba	1.37 ± 0.02Aa	1.42 ± 0.04Aa	19.33
叶片	1.06 ± 0.04Bb	1.02 ± 0.02Bc	1.15 ± 0.02Ab	8.49
叶片酸性洗涤不溶蛋白/茎秆酸性洗涤不溶蛋白	0.89	0.74	0.81	—

从苜蓿不同植株部位来看，对于现蕾期，叶片的酸性洗涤不溶蛋白含量最低，为1.06%，而整株和茎秆的酸性洗涤不溶蛋白含量较高，都为1.19%，

现蕾期叶片的酸性洗涤不溶蛋白含量是茎秆的0.89倍；对于初花期，叶片的酸性洗涤不溶蛋白含量（1.02%）<整株（1.23%）<茎秆（1.37%），且差异显著，初花期叶片的酸性洗涤不溶蛋白含量是茎秆的0.74倍；对于盛花期，叶片的酸性洗涤不溶蛋白含量（1.15%）<整株（1.22%）<茎秆（1.42%），且差异显著，盛花期叶片的酸性洗涤不溶蛋白含量是茎秆的0.81倍。

整体分析发现，苜蓿的酸性洗涤不溶蛋白含量较低，仅为1.02%~1.42%，苜蓿生育期和植株部位对其酸性洗涤不溶蛋白含量的影响不是很大。随着生育期推迟，苜蓿的酸性洗涤不溶蛋白含量整体呈现出升高的趋势，其升高率为2.52%~19.33%；不同部位的酸性洗涤不溶蛋白含量变化差异为叶片<整株<茎秆，其叶片的酸性洗涤不溶蛋白含量是茎秆的0.74~0.89倍。

（4）不同生育期苜蓿不同部位的中性洗涤不溶蛋白含量变化。通过对不同生育期苜蓿不同部位取样，研究生育期和苜蓿植株部位对中性洗涤不溶蛋白含量的影响，如表3-18所示。对于整株，随着生育期推迟，其中性洗涤不溶蛋白含量呈现出先升高后降低的趋势，现蕾期苜蓿整株的中性洗涤不溶蛋白含量最低为2.36%<盛花期（3.42%）<初花期（3.80%），而盛花期的中性洗涤不溶蛋白含量相对于现蕾期升高了44.92%；对于苜蓿茎秆，随着生育期推迟，其中性洗涤不溶蛋白含量呈现出逐渐升高的趋势，现蕾期的中性洗涤不溶蛋白含量最低，为1.87%，显著低于初花期和盛花期，初花期（2.46%）与盛花期（2.53%）的中性洗涤不溶蛋白含量差异不显著。盛花期相对于现蕾期的苜蓿茎秆中性洗涤不溶蛋白含量升高了35.29%；对于苜蓿叶片，随着

表3-18 不同生育期苜蓿不同部位的中性洗涤不溶蛋白含量差异（%DM）

部位	生育期			中性洗涤不溶蛋白的升高率（%）
	现蕾期	初花期	盛花期	
整株	2.36±0.04Cb	3.80±0.11Ab	3.42±0.10Bb	44.92
茎秆	1.87±0.03Bc	2.46±0.01Ac	2.53±0.13Ac	35.29
叶片	3.23±0.06Ca	5.23±0.06Aa	4.99±0.01Ba	54.49
叶片中性洗涤不溶蛋白/茎秆中性洗涤不溶蛋白	1.73	2.13	1.97	—

生育期推迟，其中性洗涤不溶蛋白含量呈现出先升高后降低的趋势，初花期的苜蓿叶片中性洗涤不溶蛋白含量最高为5.23%>盛花期（4.99%）>现蕾期（3.23%），盛花期的苜蓿叶片中性洗涤不溶蛋白含量相对于现蕾期升高了54.49%。

从苜蓿不同植株部位来看，不同生育期苜蓿叶片的中性洗涤不溶蛋白含量>整株>茎秆，且不同部位间的中性洗涤不溶蛋白含量差异显著。对于现蕾期，叶片的中性洗涤不溶蛋白含量最高（3.23%），其次是整株的中性洗涤不溶蛋白含量为2.36%，最低的为茎秆的1.87%，叶片的中性洗涤不溶蛋白含量是茎秆的1.73倍；对于初花期，叶片的中性洗涤不溶蛋白含量（5.23%）>整株（3.80%）>茎秆（2.46%），初花期叶片的中性洗涤不溶蛋白含量是茎秆的2.13倍；对于盛花期，叶片的中性洗涤不溶蛋白含量（4.99%）>整株（3.42%）>茎秆（2.53%），盛花期叶片的中性洗涤不溶蛋白含量是茎秆的1.97倍。

整体分析发现，苜蓿生育期和植株部位对其中性洗涤不溶蛋白含量的影响较大。随着生育期推迟，苜蓿的中性洗涤不溶蛋白含量呈现出升高的趋势，其升高率为35.29%~54.49%；不同部位的中性洗涤不溶蛋白含量变化差异为叶片>整株>茎秆，其叶片的中性洗涤不溶蛋白含量是茎秆的1.70倍以上。

（5）不同生育期苜蓿不同部位的瘤胃降解蛋白含量变化。通过对不同生育期苜蓿不同部位取样，研究生育期和苜蓿植株部位对瘤胃降解蛋白含量的影响，如表3-19所示。对于整株，随着生育期推迟，其瘤胃降解蛋白含量呈现出逐渐降低的趋势，现蕾期苜蓿整株的瘤胃降解蛋白含量最高为14.40%>初花期（12.57%）>盛花期（11.53%），而盛花期的瘤胃降解蛋白含量相对于现蕾期降低了19.93%；对于苜蓿茎秆，随着生育期推迟，其瘤胃降解蛋白含量呈现出先降低后升高的趋势，现蕾期的瘤胃降解蛋白含量最高（8.57%），显著高于初花期和盛花期，而初花期（6.97%）显著低于盛花期（7.27%）的瘤胃降解蛋白含量。盛花期相对于现蕾期的苜蓿茎秆瘤胃降解蛋白含量降低了15.17%；对于苜蓿叶片，随着生育期推迟，其瘤胃降解蛋白含量呈现出逐渐降低的趋势，现蕾期苜蓿叶片的瘤胃降解蛋白含量最高为19.73%>初花期（18.17%）>盛花期（17.27%），且不同生育期的瘤胃降解蛋白含量差异显著。盛花期的苜蓿叶片瘤胃降解蛋白含量相对于现蕾期降低了12.47%。

表3-19　不同生育期苜蓿不同部位的瘤胃降解蛋白含量差异（%DM）

部位	生育期			瘤胃降解蛋白的降低率（%）
	现蕾期	初花期	盛花期	
整株	14.40 ± 0.10Ab	12.57 ± 0.15Bb	11.53 ± 0.15Cb	19.93
茎秆	8.57 ± 0.15Ac	6.97 ± 0.12Cc	7.27 ± 0.06Bc	15.17
叶片	19.73 ± 0.06Aa	18.17 ± 0.12Ba	17.27 ± 0.06Ca	12.47
叶片瘤胃降解蛋白/茎秆瘤胃降解蛋白	2.30	2.61	2.38	—

从苜蓿不同植株部位来看，不同生育期苜蓿的瘤胃降解蛋白含量叶片>整株>茎秆，且不同部位间的瘤胃降解蛋白含量差异显著。对于现蕾期，叶片的瘤胃降解蛋白含量最高，为19.73%，其次是整株的瘤胃降解蛋白含量为14.40%，最低的为茎秆的8.57%。现蕾期叶片的瘤胃降解蛋白含量是茎秆的2.30倍；对于初花期，瘤胃降解蛋白含量：叶片（18.17%）>整株（12.57%）>茎秆（6.97%），初花期叶片的瘤胃降解蛋白含量是茎秆的2.61倍；对于盛花期，瘤胃降解蛋白含量：叶片（17.27%）>整株（11.53%）>茎秆（7.27%），盛花期叶片的瘤胃降解蛋白含量是茎秆的2.38倍。

整体分析发现，苜蓿生育期和植株部位对其瘤胃降解蛋白含量的影响较大。随着生育期推迟，苜蓿的瘤胃降解蛋白含量呈现出降低的趋势，其降低率为12.47%~19.93%；不同部位的瘤胃降解蛋白含量变化差异为叶片>整株>茎秆，叶片的瘤胃降解蛋白含量是茎秆的2.30倍以上。

（6）苜蓿蛋白指标与生育期的对应关系。苜蓿的蛋白指标与生育期的对应关系如图3-10所示。3个生育期坐标点按照从左到右分布在横轴两侧，且现蕾期、初花期和盛花期都靠近横轴，这说明横轴可以较好地表征随着生育期推迟其各蛋白指标变化的信息。

5个蛋白指标在双坐标构成的平面直角坐标系中主要分布在3个区域。结合生育期3个指标的坐标点和不同蛋白指标含量从左到右划分为对应的3个区域，分别标记为区域Ⅰ、区域Ⅱ和区域Ⅲ。在区域Ⅰ中，包含盛花期和中性洗涤不溶蛋白、酸性洗涤不溶蛋白；区域Ⅱ中，包含初花期和粗蛋白；区域Ⅲ中，包含现蕾期和瘤胃降解蛋白、可溶性蛋白。

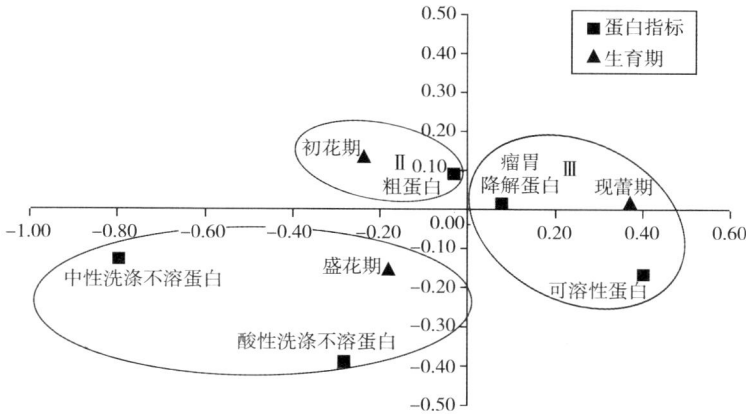

图3-10　不同生育期苜蓿各蛋白指标的含量变化

结合苜蓿不同生育期的蛋白指标原始数据和对应分析的结果可知，现蕾期的粗蛋白、可溶性蛋白和瘤胃降解蛋白含量最高，初花期的粗蛋白含量较高，盛花期的中性洗涤不溶蛋白和酸性洗涤不溶蛋白含量最高。

（7）苜蓿的蛋白质指标与极值母序列的关联度分析。通过对不同生育期苜蓿整株的蛋白质指标与极值母序列的关联度进行分析，从而综合评价生育期对蛋白质指标的影响，其结果如表3-20所示。不同生育期苜蓿蛋白质指标与极值母序列的关联度大小顺序为：现蕾期（0.8333）>初花期（0.6198）>盛花期（0.5524），由此说明，现蕾期对蛋白指标影响最大，其次是初花期，最后是盛花期。随着生育期的推迟，其可消化蛋白质指标含量呈现出逐渐降低的趋势。

表3-20　不同生育期苜蓿的蛋白质指标与极值母序列的关联度

生育期	粗蛋白（DM%）	可溶性蛋白（DM%）	酸性洗涤不溶蛋白（DM%）	中性洗涤不溶蛋白（DM%）	瘤胃降解蛋白（DM%）	关联度
现蕾期	20.67	8.10	1.19	2.36	14.40	0.8333
初花期	19.63	5.57	1.23	3.80	12.57	0.6198
盛花期	17.63	5.40	1.22	3.42	11.53	0.5524

3.3.1.2　生育期对苜蓿纤维指标的影响

（1）不同生育期苜蓿不同部位的木质素含量变化。通过对不同生育期苜蓿不同部位取样，研究生育期和苜蓿植株部位对木质素含量的影响，如表3-21所示。对于不同生育期苜蓿不同植株部位整体，随着生育期推迟，其木质素含量呈现逐渐升高的趋势。对于整株，现蕾期木质素含量最低，为现蕾期（6.89%）<初花期（7.70%）<盛花期（8.40%），盛花期的木质素含量相对于现蕾期升高了21.92%；对于苜蓿茎秆，现蕾期的木质素含量最低，现蕾期（9.64%）<初花期（11.35%）<盛花期（11.98%），盛花期相对于现蕾期的苜蓿茎秆木质素含量升高了24.27%；对于苜蓿叶片，现蕾期的木质素含量最低，现蕾期（3.89%）<初花期（4.00%）<盛花期（4.50%），盛花期的苜蓿叶片木质素含量相对于现蕾期升高了15.68%。

表3-21　不同生育期苜蓿不同部位的木质素含量差异（%DM）

部位	生育期			木质素的升高率（%）
	现蕾期	初花期	盛花期	
整株	6.89 ± 0.05Cb	7.70 ± 0.06Bb	8.40 ± 0.12Ab	21.92
茎秆	9.64 ± 0.06Ca	11.35 ± 0.11Ba	11.98 ± 0.04Aa	24.27
叶片	3.89 ± 0.10Bc	4.00 ± 0.06Bc	4.50 ± 0.05Ac	15.68
叶片木质素/茎秆木质素	0.40	0.35	0.38	—

从苜蓿不同植株部位来看，不同生育期苜蓿的木质素含量叶片<整株<茎秆，且不同部位间的木质素含量差异显著。对于现蕾期，叶片的木质素含量最低，为3.89%，其次是整株的木质素含量为6.89%，木质素含量最高的为茎秆的9.64%，叶片的木质素含量是茎秆的0.40倍；对于初花期，木质素含量叶片（4.00%）<整株（7.70%）<茎秆（11.35%），初花期叶片的木质素含量是茎秆的0.35倍；对于盛花期，木质素含量叶片（4.50%）<整株（8.40%）<茎秆（11.98%），盛花期叶片的木质素含量是茎秆的0.38倍。

整体分析发现，苜蓿生育期和植株部位对其木质素含量的影响较大。随着生育期推迟，苜蓿的木质素含量呈现出逐渐升高的趋势，其升高率

15.68%~24.47%；不同部位的木质素含量变化差异为叶片<整株<茎秆，其叶片的木质素含量是茎秆的0.38~0.40倍。

（2）不同生育期苜蓿不同部位的酸性洗涤纤维含量变化。通过对不同生育期苜蓿不同部位取样，研究生育期和苜蓿植株部位对酸性洗涤纤维含量的影响，如表3-22所示。从苜蓿不同生育期来看，随着生育期推迟，其酸性洗涤纤维含量呈现逐渐升高的趋势。对于整株，苜蓿整株现蕾期的酸性洗涤纤维含量最低，现蕾期（34.07%）<初花期（36.03%）<盛花期（39.43%），盛花期的酸性洗涤纤维含量相对于现蕾期升高了15.73%；对于苜蓿茎秆，现蕾期的酸性洗涤纤维含量最低，现蕾期（47.53%）<初花期（52.50%）<盛花期（55.63%），盛花期相对于现蕾期的苜蓿茎秆酸性洗涤纤维含量升高了17.04%；对于苜蓿叶片，现蕾期的酸性洗涤纤维含量最低，现蕾期（18.20%）<初花期（20.47%）<盛花期（24.77%），盛花期的苜蓿叶片酸性洗涤纤维含量相对于现蕾期升高了36.10%。

表3-22　不同生育期苜蓿不同部位的酸性洗涤纤维含量差异（%DM）

部位	生育期			酸性洗涤纤维的升高率（%）
	现蕾期	初花期	盛花期	
整株	34.07 ± 0.40Cb	36.03 ± 0.12Bb	39.43 ± 0.51Ab	15.73
茎秆	47.53 ± 0.42Ca	52.50 ± 0.35Ba	55.63 ± 0.46Aa	17.04
叶片	18.20 ± 0.17Cc	20.47 ± 0.35Bc	24.77 ± 0.21Ac	36.10
叶片酸性洗涤纤维/茎秆酸性洗涤纤维	0.38	0.39	0.45	—

从苜蓿不同植株部位来看，不同生育期苜蓿的酸性洗涤纤维含量叶片<整株<茎秆，且不同部位间的酸性洗涤纤维含量差异显著。对于现蕾期，叶片的酸性洗涤纤维含量最低，为18.20%，其次是整株的酸性洗涤纤维含量为34.07%，酸性洗涤纤维含量最高的为茎秆的47.53%，叶片的酸性洗涤纤维含量是茎秆的0.38倍；对于初花期，酸性洗涤纤维含量叶片（20.47%）<整株（36.03%）<茎秆（52.50%），初花期叶片的酸性洗涤纤维含量是茎秆的0.39倍；对于盛花期，酸性洗涤纤维含量叶片（24.77%）<整株（39.43%）<茎秆

（55.63%），盛花期叶片的酸性洗涤纤维含量是茎秆的0.45倍。

整体分析发现，苜蓿生育期和植株部位对其酸性洗涤纤维含量的影响较大。随着生育期推迟，苜蓿的酸性洗涤纤维含量呈现出逐渐升高的趋势，其升高率为15.73%~36.10%；不同部位的酸性洗涤纤维含量变化差异为叶片<整株<茎秆，其叶片的酸性洗涤纤维含量是茎秆的0.38~0.45倍。

（3）不同生育期苜蓿不同部位的中性洗涤纤维含量变化。通过对不同生育期苜蓿不同部位取样，研究生育期和苜蓿植株部位对中性洗涤纤维含量的影响，如表3-23所示。从苜蓿不同生育期来看，随着生育期推迟，其中性洗涤纤维含量呈现逐渐升高的趋势。对于整株，现蕾期中性洗涤纤维含量最低，现蕾期（40.20%）<初花期（44.53%）<盛花期（48.70%），盛花期的中性洗涤纤维含量相对于现蕾期升高了21.14%；对于苜蓿茎秆，现蕾期的中性洗涤纤维含量最低，现蕾期（55.93%）<初花期（62.33%）<盛花期（65.40%），盛花期相对于现蕾期的苜蓿茎秆中性洗涤纤维含量升高了16.93%；于苜蓿叶片，现蕾期的中性洗涤纤维含量最低，现蕾期（23.10%）<初花期（27.27%）<盛花期（32.60%），盛花期的苜蓿叶片中性洗涤纤维含量相对于现蕾期升高了41.13%。

表3-23　不同生育期苜蓿不同部位的中性洗涤纤维含量差异（%DM）

部位	生育期			中性洗涤纤维的升高率（%）
	现蕾期	初花期	盛花期	
整株	40.20 ± 0.52Cb	44.53 ± 0.15Bb	48.70 ± 0.61Ab	21.14
茎秆	55.93 ± 0.60Ca	62.33 ± 0.40Ba	65.40 ± 0.53Aa	16.93
叶片	23.10 ± 0.10Cc	27.27 ± 0.40Bc	32.60 ± 0.17Ac	41.13
叶片中性洗涤纤维/茎秆中性洗涤纤维	0.41	0.44	0.50	—

从苜蓿不同植株部位来看，不同生育期苜蓿的中性洗涤纤维含量叶片<整株<茎秆，且不同部位间的中性洗涤纤维含量差异显著。对于现蕾期，叶片的中性洗涤纤维含量最低，为23.10%，其次是整株的中性洗涤纤维含量为40.20%，中性洗涤纤维含量最高的为茎秆的55.93%，叶片的中性洗涤纤维含量是茎秆的0.41倍；对于初花期，中性洗涤纤维含量叶片（27.27%）<整株

（44.53%）<茎秆（62.33%），初花期叶片的中性洗涤纤维含量是茎秆的0.44倍；对于盛花期，中性洗涤纤维含量叶片（32.60%）<整株（48.70%）<茎秆（65.40%），盛花期叶片的中性洗涤纤维含量是茎秆的0.50倍。

整体分析发现，苜蓿生育期和植株部位对其中性洗涤纤维含量的影响较大。随着生育期推迟，苜蓿不同植株部位的中性洗涤纤维含量呈现出逐渐升高的趋势，其升高率为16.93%~41.13%；不同部位的中性洗涤纤维含量变化差异为叶片<整株<茎秆，其叶片的中性洗涤纤维含量是茎秆的0.41~0.50倍。

（4）苜蓿纤维指标与生育期的对应关系。苜蓿的纤维指标与生育期的对应关系如图3-11所示。3个生育期坐标点按照从左到右分布在横轴两侧，且现蕾期、初花期和盛花期都靠近横轴，这说明横轴可以较好地表示随着生育期推迟其各纤维指标变化的信息。

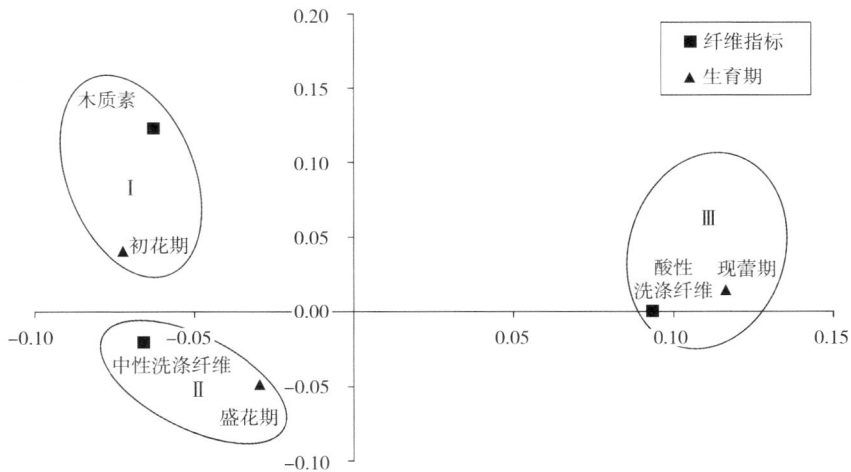

图3-11 不同生育期苜蓿各纤维指标的含量变化

3个纤维指标在双坐标构成的平面直角坐标系中主要分布在3个区域，分别标记为区域Ⅰ、区域Ⅱ和区域Ⅲ。在区域Ⅰ中，包含初花期和木质素；区域Ⅱ中，包含盛花期和中性洗涤纤维；区域Ⅲ中，包含现蕾期和酸性洗涤纤维。

结合苜蓿不同生育期的纤维指标原始数据和对应分析的结果可知，盛花期的中性洗涤纤维和酸性洗涤纤维含量最高，初花期的木质素含量较高。

（5）苜蓿的纤维指标与极值母序列的关联度分析。通过对不同生育期苜蓿整株的纤维指标与极值母序列的关联度进行分析，从而综合评价生育期对纤维指标的影响，其结果如表3-24所示。不同生育期苜蓿纤维指标与极值母序列的关联度大小顺序为：现蕾期（1.0000）>初花期（0.5771）>盛花期（0.3333），由此说明现蕾期对纤维指标影响最大，其纤维含量最低；其次是初花期；最后是盛花期。随着生育期的推迟，苜蓿纤维指标含量呈现出逐渐增加的趋势。

表3-24　不同生育期苜蓿的纤维指标与极值母序列的关联度

生育期	酸性洗涤纤维（DM%）	中性洗涤纤维（DM%）	木质素（DM%）	关联度
现蕾期	34.07	40.20	6.89	1.0000
初花期	36.03	44.53	7.70	0.5771
盛花期	39.43	48.70	8.40	0.3333

3.3.1.3　生育期对苜蓿碳水化合物指标的影响

（1）不同生育期苜蓿不同部位的非纤维碳水化合物含量变化。通过对不同生育期苜蓿不同部位取样，研究生育期和苜蓿植株部位对非纤维碳水化合物含量的影响，如表3-25所示。随着生育期的推迟，苜蓿不同部位的非纤维碳水化合物含量整体呈现出逐渐降低的趋势，且不同生育期的非纤维碳水化合物含量差异显著。其中对于整株，现蕾期的非纤维碳水化合物含量最高，

表3-25　不同生育期苜蓿不同部位的非纤维碳水化合物含量差异（%DM）

部位	生育期			非纤维碳水化合物降低率（%）
	现蕾期	初花期	盛花期	
整株	27.77 ± 0.57Ab	26.17 ± 0.23Bb	25.00 ± 0.40Cb	10.00
茎秆	23.37 ± 0.38Ac	20.70 ± 0.20Bc	18.47 ± 0.40Cc	20.97
叶片	34.33 ± 0.31Aa	31.43 ± 0.32Ba	27.73 ± 0.25Ca	19.23
叶片非纤维碳水化合物/茎秆非纤维碳水化合物	1.47	1.52	1.50	—

现蕾期（27.77%）>初花期（26.17%）>盛花期（25.00%），盛花期的非纤维碳水化合物含量相对于现蕾期降低了10.00%。对于苜蓿茎秆，非纤维碳水化合物含量现蕾期（23.37%）>初花期（20.70%）>盛花期（18.47%），盛花期相对于现蕾期的苜蓿茎秆非纤维碳水化合物含量降低了20.97%；对于苜蓿叶片，苜蓿叶片非纤维碳水化合物含量现蕾期（34.33%）>初花期（31.43%）>盛花期（27.73%），且不同生育期的非纤维碳水化合物含量差异显著（P<0.05）。而盛花期的苜蓿叶片非纤维碳水化合物含量相对于现蕾期降低了19.23%。

从苜蓿不同植株部位来看，不同生育期苜蓿的非纤维碳水化合物含量叶片>整株>茎秆，且不同部位间的非纤维碳水化合物含量差异显著。对于现蕾期，叶片的非纤维碳水化合物含量最高，为34.33%，其次是整株的非纤维碳水化合物含量为27.77%，最低的为茎秆的23.37%。叶片的非纤维碳水化合物含量是茎秆的1.47倍；对于初花期，非纤维碳水化合物含量叶片（31.43%）>整株（26.17%）>茎秆（20.67%），叶片的非纤维碳水化合物含量是茎秆的1.52倍；对于盛花期，叶片的非纤维碳水化合物含量（27.73%）>整株（25.00%）>茎秆（18.47%），叶片的非纤维碳水化合物含量是茎秆的1.50倍。

整体分析发现，苜蓿生育期和植株部位对其非纤维碳水化合物含量的影响较大。从现蕾期到盛花期其非纤维碳水化合物含量逐渐降低，不同植株部位的非纤维碳水化合物含量降低率为10.00%~20.97%；不同部位非纤维碳水化合物含量变化差异为叶片>整株>茎秆，其不同生育期苜蓿叶片的非纤维碳水化合物含量是茎秆的1.47~1.52倍。

（2）不同生育期苜蓿不同部位的非结构碳水化合物含量变化。通过对不同生育期苜蓿不同部位取样，研究生育期和苜蓿植株部位对非结构碳水化合物含量的影响，如表3-26所示。随着生育期的推迟，苜蓿不同部位的非结构碳水化合物含量整体呈现出逐渐降低的趋势。其中，对于整株，现蕾期的非结构碳水化合物含量最高（7.40%），显著高于初花期（6.10%）和盛花期（5.97%），初花期和盛花期的非结构碳水化合物含量差异不显著，而盛花期的非结构碳水化合物含量相对于现蕾期降低了19.32%；对于苜蓿茎秆，非结构碳水化合物含量现蕾期（5.27%）>初花期（3.20%）>盛花期（2.40%），盛花期相对于现蕾期的苜蓿茎秆非结构碳水化合物含量降低趋势较大（降低了54.46%）；对于苜蓿叶片，非结构碳水化合物含量现蕾期（10.60%）>初花期（8.97%）>盛花期（8.47%），且不同生育期的非结构碳水化合物含量差异显著，盛花期的苜蓿叶片非结构碳水化合物含量相对于现蕾期降低了20.09%。

表3-26　不同生育期苜蓿不同部位的非结构碳水化合物含量差异（%DM）

部位	生育期			非结构碳水化合物降低率（%）
	现蕾期	初花期	盛花期	
整株	7.40±0.17Ab	6.10±0.10Bb	5.97±0.06Bb	19.32
茎秆	5.27±0.15Ac	3.20±0.17Bc	2.40±0.17Cc	54.46
叶片	10.60±0.26Aa	8.97±0.21Ba	8.47±0.12Ca	20.09
叶片非结构碳水化合物/茎秆非结构碳水化合物	2.01	2.80	3.53	—

从苜蓿不同植株部位来看，不同生育期苜蓿的非结构碳水化合物含量叶片>整株>茎秆，且不同部位间的非结构碳水化合物含量差异显著。对于现蕾期，叶片的非结构碳水化合物含量最高，为10.60%，其次是整株的非结构碳水化合物含量为7.40%，最低的为茎秆的5.27%。叶片的非结构碳水化合物含量是茎秆的2.01倍；对于初花期，非结构碳水化合物含量叶片（8.97%）>整株（6.10%）>茎秆（3.20%）；叶片的非结构碳水化合物含量是茎秆的2.80倍；对于盛花期，叶片的非结构碳水化合物含量（8.47%）>整株（5.97%）>茎秆（2.40%），叶片的非结构碳水化合物含量是茎秆的3.53倍。

整体分析发现，苜蓿生育期和植株部位对其非结构碳水化合物含量的影响较大。从现蕾期到盛花期其非结构碳水化合物含量逐渐降低，不同植株部位的非结构碳水化合物含量降低率为19.32%~54.46%；不同部位非结构碳水化合物含量变化差异为叶片>整株>茎秆，其不同生育期苜蓿叶片的非结构碳水化合物含量是茎秆的2.01~3.53倍。

（3）不同生育期苜蓿不同部位的醇溶性碳水化合物含量变化。通过对不同生育期苜蓿不同部位取样，研究生育期和苜蓿植株部位对醇溶性碳水化合物含量的影响，如表3-27所示。对于苜蓿整株，现蕾期的醇溶性碳水化合物含量最高，为5.47%，显著高于初花期（4.60%）和盛花期（4.60%），而初花期和盛花期的醇溶性碳水化合物含量差异不显著，盛花期的醇溶性碳水化合物含量相对于现蕾期降低了15.90%；对于苜蓿茎秆，醇溶性碳水化合物含量现蕾期（4.90%）>初花期（3.03%）>盛花期（2.40%），盛花期相对于现蕾期的苜蓿茎秆醇溶性碳水化合物含量降低趋势较大，降低了51.02%；对于苜蓿叶片，现蕾期的醇溶性碳水化合物含量最高为7.17%，显著高于初花期（6.67%）和盛花期（6.73），而初花期和盛花期苜蓿叶片的醇溶性碳水化合物含量差异不显著；而盛花期的苜蓿叶片醇溶性碳水化合物含量相对于现蕾期降低了6.14%。

从苜蓿不同植株部位来看，不同生育期苜蓿的醇溶性碳水化合物含量叶片>整株>茎秆，且不同部位间的醇溶性碳水化合物含量差异显著。对于现蕾期，叶片的醇溶性碳水化合物含量最高，为7.17%，其次是整株的醇溶性碳水化合物含量为5.47%，最低的为茎秆的4.90%，叶片的醇溶性碳水化合物含量是茎秆的1.46倍；对于初花期，醇溶性碳水化合物含量叶片（6.67%）>整株（4.60%）>茎秆（3.03%），叶片的醇溶性碳水化合物含量是茎秆的2.20倍；对于盛花期，醇溶性碳水化合物含量叶片（6.73%）>整株（4.60%）>茎秆（2.40%），叶片的醇溶性碳水化合物含量是茎秆的2.81倍。

表3-27　不同生育期苜蓿不同部位的醇溶性碳水化合物含量差异（%DM）

部位	生育期			醇溶性碳水化合物降低率（%）
	现蕾期	初花期	盛花期	
整株	5.47 ± 0.06Ab	4.60 ± 0.10Bb	4.60 ± 0.10Bb	15.90
茎秆	4.90 ± 0.20Ac	3.03 ± 0.23Bc	2.40 ± 0.10Cc	51.02
叶片	7.17 ± 0.15Aa	6.67 ± 0.12Ba	6.73 ± 0.12Ba	6.14
叶片醇溶性碳水化合物/茎秆醇溶性碳水化合物	1.46	2.20	2.81	—

整体分析发现，苜蓿生育期和植株部位对其醇溶性碳水化合物含量的影响较大。从现蕾期到盛花期其醇溶性碳水化合物含量整体呈现出降低的趋势，不同植株部位盛花期的醇溶性碳水化合物含量相对于现蕾期降低了6.14%~51.02%；不同部位醇溶性碳水化合物含量变化差异为叶片>整株>茎

秆，其不同生育期苜蓿叶片的非结构碳水化合物含量是茎秆的1.46~2.81倍。

（4）不同生育期苜蓿不同部位的水溶性碳水化合物含量变化。通过对不同生育期苜蓿不同部位取样，研究生育期和苜蓿植株部位对水溶性碳水化合物含量的影响，如表3-28所示。对于苜蓿整株，随着生育期的推迟，其水溶性碳水化合物含量呈现出先降低后升高的趋势，苜蓿整株的水溶性碳水化合物含量为现蕾期（5.47%）>盛花期（5.90%）>初花期（5.27%），盛花期的水溶性碳水化合物含量相对于现蕾期降低了19.17%；对于苜蓿茎秆，现蕾期的水溶性碳水化合物含量最高，为6.97%，显著高于初花期（5.00%）和盛花期（4.47%），初花期和盛花期苜蓿叶片的水溶性碳水化合物含量差异不显著。盛花期相对于现蕾期的苜蓿茎秆水溶性碳水化合物含量降低趋势较大，降低了35.87%；对于苜蓿叶片，现蕾期的苜蓿叶片水溶性碳水化合物含量最高为7.77%，显著高于初花期（6.87%）和盛花期（6.83%），初花期和盛花期苜蓿叶片的水溶性碳水化合物含量差异不显著，盛花期的苜蓿叶片水溶性碳水化合物含量相对于现蕾期降低了12.10%。

表3-28　不同生育期苜蓿不同部位的水溶性碳水化合物含量差异（%DM）

部位	生育期			水溶性碳水化合物降低率（%）
	现蕾期	初花期	盛花期	
整株	7.30 ± 0.10Aab	5.27 ± 0.12Cb	5.90 ± 0.26Bb	19.17
茎秆	6.97 ± 0.15Ab	5.00 ± 0.26Bb	4.47 ± 0.32Bc	35.87
叶片	7.77 ± 0.38Aa	6.87 ± 0.29Ba	6.83 ± 0.15Ba	12.10
叶片水溶性碳水化合物/茎秆水溶性碳水化合物	1.11	1.37	1.53	—

从苜蓿不同植株部位来看，不同生育期苜蓿的水溶性碳水化合物含量叶片>整株>茎秆。对于现蕾期，叶片的水溶性碳水化合物含量最高，为7.77%，显著高于整株（7.30%）和茎秆（6.97%），而整株和茎秆的水溶性碳水化合物含量差异不显著，叶片的水溶性碳水化合物含量是茎秆的1.11倍；对于初花期，叶片的水溶性碳水化合物含量（6.87%）显著高于整株（5.27%）和茎秆（5.00%），而整株和茎秆的水溶性碳水化合物含量差异不显著，叶片的水溶性

碳水化合物含量是茎秆的1.37倍；对于盛花期，水溶性碳水化合物含量叶片（6.83%）>整株（5.90%）>茎秆（4.47%），且不同植株部位间的水溶性碳水化合物含量差异显著，叶片的水溶性碳水化合物含量是茎秆的1.53倍。

整体分析发现，苜蓿生育期和植株部位对其水溶性碳水化合物含量的影响较大。从现蕾期到盛花期，其水溶性碳水化合物含量整体呈现出降低的趋势，不同植株部位盛花期的水溶性碳水化合物含量相对于现蕾期降低了12.10%~35.87%；不同部位水溶性碳水化合物含量变化差异为叶片>整株>茎秆，其不同生育期苜蓿叶片的水溶性碳水化合物含量是茎秆的1.11~1.53倍。

（5）不同生育期苜蓿不同部位的淀粉含量变化。通过对不同生育期苜蓿不同部位取样，研究生育期和苜蓿植株部位对淀粉含量的影响，如表3-29所示。随着生育期的推迟，不同苜蓿植株部位的淀粉呈现出逐渐降低的趋势。对于苜蓿整株，现蕾期的淀粉含量最高，为1.93，显著高于初花期（1.50%）和盛花期（1.37%），初花期和盛花期苜蓿叶片的淀粉含量差异不显著，盛花期的淀粉含量相对于现蕾期降低了29.02%；对于苜蓿茎秆，其淀粉含量整体较低，其值的变化范围为0.03%~0.37%，苜蓿茎秆淀粉含量现蕾期（0.37%）>初花期（0.17%）>盛花期（0.03%）。随着生育期的推迟，苜蓿茎秆的淀粉含量降低趋势较大，降低了91.89%；对于苜蓿叶片，苜蓿叶片淀粉含量现蕾期（3.43%）>初花期（2.30%）>盛花期（1.73%），盛花期的苜蓿叶片淀粉含量相对于现蕾期降低了49.56%。

表3-29 不同生育期苜蓿不同部位的淀粉含量差异（%DM）

部位	生育期			淀粉降低率（%）
	现蕾期	初花期	盛花期	
整株	1.93 ± 0.12Ab	1.50 ± 0.10Bb	1.37 ± 0.12Bb	29.02
茎秆	0.37 ± 0.06Ac	0.17 ± 0.06Bc	0.03 ± 0.06Cc	91.89
叶片	3.43 ± 0.15Aa	2.30 ± 0.10Ba	1.73 ± 0.12Ca	49.56
叶片淀粉/茎秆淀粉	9.36	13.80	52.00	—

从苜蓿不同植株部位来看，不同生育期苜蓿的淀粉含量叶片>整株>茎秆，且不同植株部位的淀粉含量差异显著。对于现蕾期，淀粉含量叶片（1.73%）>

整株（1.37%）>茎秆（0.37%），叶片的水溶性碳水化合物含量是茎秆的9.36倍；对于初花期，淀粉含量叶片（2.30%）>整株（1.50%）>茎秆（0.17%），叶片的淀粉含量是茎秆的13.80倍；对于盛花期，淀粉含量叶片（6.83%）>整株（5.90%）>茎秆（0.03%），且不同植株部位间的淀粉含量差异显著，叶片的淀粉含量是茎秆的52.00倍。

整体分析发现，苜蓿生育期和植株部位对其淀粉含量的影响较大。从现蕾期到盛花期，其淀粉含量呈现出逐渐降低的趋势，不同植株部位盛花期的淀粉含量相对于现蕾期降低率为29.02%~91.89%；不同部位淀粉含量变化差异为叶片>整株>茎秆，其淀粉大部分储存在叶片中，茎秆中的淀粉含量很少，不同生育期苜蓿叶片的淀粉含量是茎秆的9.36~52.00倍。

（6）苜蓿碳水化合物指标与生育期的对应关系。苜蓿的碳水化合物指标与生育期的对应关系如图3-12所示。3个生育期坐标点按照从左到右分布在横轴两侧，现蕾期靠近横轴，初花期和盛花期靠近纵轴，这说明横轴可以较好地表示现蕾期的各碳水化合物指标变化的信息，但是纵轴表征的初花期和盛花期信息也值得重视。

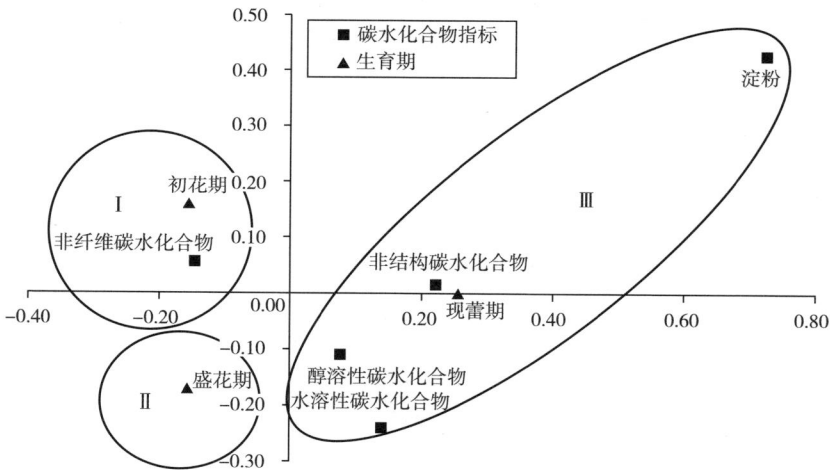

图3-12 不同生育期苜蓿各碳水化合物指标的含量变化

5个碳水化合物指标在双坐标构成的平面直角坐标系中主要分布在3个区域，分别标记为区域Ⅰ、区域Ⅱ和区域Ⅲ。在区域Ⅰ中，包含初花期和非纤维碳水化合物；区域Ⅱ中，只有盛花期，说明碳水化合物指标与盛花期的相关性不高；区域Ⅲ中，包含现蕾期和醇溶性碳水化合物、非结构碳水化合物、水溶性碳水化合物和淀粉。

结合苜蓿不同生育期的碳水化合物指标原始数据和对应分析的结果可知，现蕾期的醇溶性碳水化合物、非结构碳水化合物、水溶性碳水化合物和淀粉较高，其中淀粉与现蕾期的距离较远，说明现蕾期的淀粉含量变化趋势小于醇溶性碳水化合物、非结构碳水化合物和水溶性碳水化合物。初花期的非纤维碳水化合物含量较高，而盛花期的碳水化合物指标含量低于初花期和现蕾期。

（7）苜蓿碳水化合物指标与极值母序列的关联度分析。通过对不同生育期苜蓿整株的碳水化合物指标与极值母序列的关联度进行分析，从而综合评价生育期对碳水化合物指标的影响，其结果如表3-30所示。不同生育期苜蓿碳水化合物指标与极值母序列的关联度大小顺序为：现蕾期（0.9026）>初花期（0.5938）>盛花期（0.5050），由此说明现蕾期对碳水化合物指标影响最大，其次是初花期，最后是盛花期。随着生育期的延长，其碳水化合物指标呈现出逐渐降低的趋势。

表3-30　不同生育期苜蓿的碳水化合物指标与极值母序列的关联度

生育期	非纤维碳水化合物（DM%）	非结构碳水化合物（DM%）	醇溶性碳水化合物（DM%）	水溶性碳水化合物（DM%）	淀粉（DM%）	关联度
现蕾期	27.77	7.40	5.47	7.30	1.93	0.9026
初花期	26.17	6.10	4.60	5.27	1.50	0.5938
盛花期	25.00	5.97	4.60	5.90	1.37	0.5050

3.3.1.4　生育期对苜蓿脂肪指标的影响

（1）不同生育期苜蓿不同部位的粗脂肪含量变化。通过对不同生育期苜蓿不同部位取样，研究生育期和苜蓿植株部位对粗脂肪含量的影响，如表3-31所示。对于整株，随着生育期的推迟，其粗脂肪含量呈现出先升高后降低的趋势，苜蓿整株现蕾期的粗脂肪含量最低，为2.09%，显著低于初花期（2.61%）和盛花期（2.55%），初花期和盛花期的粗脂肪含量差异不显著，而盛花期整株的粗脂肪含量相对于现蕾期升高了22.01%；对于苜蓿茎秆，随着生育期的推迟，其粗脂肪含量呈现出逐渐降低的趋势，粗脂肪含量现蕾期（1.48%）>初花期（1.25%）>盛花期（1.17%），盛花期相对于现蕾期的苜蓿茎秆粗脂肪含量降低了20.95%；对于苜蓿叶片，随着生育期的推迟，其粗脂肪含量呈现出逐渐升高的趋势，苜蓿叶片粗脂肪含量现蕾期（3.40%）<初花期（3.91%）<盛花期（3.98%），盛花期的苜蓿叶片粗脂肪含量相对于现蕾期升高了17.06%。

表3-31　不同生育期苜蓿不同部位的粗脂肪含量差异（%DM）

部位	生育期			粗脂肪的变化率（%）
	现蕾期	初花期	盛花期	
整株	2.09 ± 0.03Bb	2.61 ± 0.04Ab	2.55 ± 0.04Ab	22.01
茎秆	1.48 ± 0.02Ac	1.25 ± 0.02Bc	1.17 ± 0.01Cc	20.95
叶片	3.40 ± 0.03Ca	3.91 ± 0.02Ba	3.98 ± 0.02Aa	17.06
叶片粗脂肪/茎秆粗脂肪	2.30	3.13	3.39	—

从苜蓿不同植株部位来看，不同生育期苜蓿的粗脂肪含量叶片>整株>茎秆，且不同部位间的粗脂肪含量差异显著。对于现蕾期，叶片的粗脂肪含量最高，为3.40%，其次是整株的粗脂肪含量为2.09%，最低的为茎秆的1.48%，叶片的粗脂肪含量是茎秆的2.30倍；对于初花期，粗脂肪含量叶片（3.91%）>整株（2.61%）>茎秆（1.25%），叶片的粗脂肪含量是茎秆的3.13倍；对于盛花期，粗脂肪含量叶片（3.98%）>整株（2.55%）>茎秆（1.17%），叶片的粗脂肪含量是茎秆的3.39倍。

整体分析发现，苜蓿生育期和植株部位对其粗脂肪含量的影响较大。不同生育期的苜蓿不同植株部位的粗脂肪含量变化趋势各异，随着生育期的推迟，苜蓿整株的粗脂肪含量变化趋势为先升高后降低，茎秆的粗脂肪含量变化趋势为逐渐降低，叶片的粗脂肪含量变化趋势为逐渐升高；不同部位粗脂肪含量变化差异为叶片>整株>茎秆，其不同生育期苜蓿叶片的粗脂肪含量是茎秆的2.30~3.39倍。

（2）不同生育期苜蓿不同部位的总脂肪酸含量变化。通过对不同生育期苜蓿不同部位取样，研究生育期和苜蓿植株部位对总脂肪酸含量的影响，如表3-32所示。随着生育期的推迟，苜蓿不同植株部位的总脂肪酸含量呈现出先升高后降低的趋势。对于苜蓿整株，总脂肪酸含量现蕾期（1.45%）<盛花期（1.93%）<初花期（2.12%），盛花期整株的总脂肪酸含量相对于现蕾期升高了33.10%；对于苜蓿茎秆，随着生育期的推迟，其总脂肪酸的变化差异不显著；对于苜蓿叶片，苜蓿叶片总脂肪酸含量现蕾期（2.80%）<盛花期（3.05%）<初花期（3.30%），盛花期的苜蓿叶片总脂肪酸含量相对于现蕾期升高了8.93%。

表3-32 不同生育期苜蓿不同部位的总脂肪酸含量差异（%DM）

部位	生育期			总脂肪酸的升高率（%）
	现蕾期	初花期	盛花期	
整株	1.45 ± 0.02Cb	2.12 ± 0.02Ab	1.93 ± 0.03Bb	33.10
茎秆	0.94 ± 0.02Ac	0.98 ± 0.01Ac	0.95 ± 0.01Ac	0.00
叶片	2.80 ± 0.04Ca	3.30 ± 0.02Aa	3.05 ± 0.01Ba	8.93
叶片总脂肪酸/茎秆总脂肪酸	2.97	3.36	3.20	—

从苜蓿不同植株部位来看，不同生育期苜蓿的总脂肪酸含量叶片>整株>茎秆，且不同部位间的总脂肪酸含量差异显著。对于现蕾期，叶片的总脂肪酸含量最高（2.80%），其次是整株的总脂肪酸含量为1.45%，最低的为茎秆的0.94%。叶片的总脂肪酸含量是茎秆的2.97倍；对于初花期，总脂肪酸含量叶片（3.30%）>整株（2.12%）>茎秆（0.98%），叶片的总脂肪酸含量是茎秆的3.36倍；对于盛花期，总脂肪酸含量叶片（3.05%）>整株（1.93%）>茎秆（0.95%）；叶片的总脂肪酸含量是茎秆的3.20倍。

整体分析发现，苜蓿生育期对叶片和整株的总脂肪酸含量影响较大，对茎秆的总脂肪酸含量影响较小，随着生育期的推迟，苜蓿整株和叶片的总脂肪酸含量变化趋势为先升高后降低，而茎秆的总脂肪酸含量变化差异不显著；

不同部位总脂肪酸含量变化差异为叶片>整株>茎秆，其总脂肪酸主要储存在苜蓿叶片中，其不同生育期苜蓿叶片的总脂肪酸含量是茎秆3倍左右。

（3）不同生育期苜蓿不同部位的不饱和脂肪酸含量变化。通过对不同生育期苜蓿不同部位取样，研究生育期和苜蓿植株部位对不饱和脂肪酸含量的影响，如表3-33所示。对于苜蓿整株，随着生育期的推迟，其不饱和脂肪酸含量呈现出先升高后降低的趋势，不饱和脂肪酸含量现蕾期（0.64%）<盛花期（0.79%）<初花期（0.91%），盛花期整株的不饱和脂肪酸含量相对于现蕾期升高了23.44%；对于苜蓿茎秆，随着生育期的推迟，其不饱和脂肪酸的变化差异不显著；对于苜蓿叶片，苜蓿叶片不饱和脂肪酸含量现蕾期（1.32%）<盛花期（1.41%）<初花期（1.55%）（$P<0.05$），盛花期的苜蓿叶片不饱和脂肪酸含量相对于现蕾期升高了6.82%。

表3-33　不同生育期苜蓿不同部位的不饱和脂肪酸含量差异（%DM）

部位	生育期			不饱和脂肪酸的升高率（%）
	现蕾期	初花期	盛花期	
整株	0.64 ± 0.01Cb	0.91 ± 0.02Ab	0.79 ± 0.02Bb	23.44
茎秆	0.24 ± 0.02Ac	0.24 ± 0.02Ac	0.24 ± 0.01Ac	0.00
叶片	1.32 ± 0.02Ca	1.55 ± 0.02Aa	1.41 ± 0.01Ba	6.82
叶片不饱和脂肪酸/茎秆不饱和脂肪酸	5.58	6.46	5.97	—

从苜蓿不同植株部位来看，不同生育期苜蓿的不饱和脂肪酸含量叶片>整株>茎秆，且不同部位间的不饱和脂肪酸含量差异显著。对于现蕾期，叶片的不饱和脂肪酸含量最高（1.32%），其次是整株的不饱和脂肪酸含量为0.64%，最低的为茎秆的0.24%，叶片的不饱和脂肪酸含量是茎秆的5.58倍；对于初花期，不饱和脂肪酸含量叶片（1.55%）>整株（0.91%）>茎秆（0.24%），叶片的不饱和脂肪酸含量是茎秆的6.64倍；对于盛花期，不饱和脂肪酸含量叶片（1.41%）>整株（0.79%）>茎秆（0.24%），叶片的不饱和脂肪酸含量是茎秆的5.97倍。

整体分析发现，苜蓿生育期对叶片和整株的不饱和脂肪酸含量影响较大，对茎秆的不饱和脂肪酸含量影响较小，随着生育期的推迟，苜蓿整株和叶片的不饱和脂肪酸含量变化趋势为先升高后降低，而茎秆的不饱和脂肪酸含量变化差异不显著；不同部位不饱和脂肪酸含量变化差异为叶片>整株>茎秆，其不饱和脂肪酸主要储存在苜蓿叶片中，其不同生育期苜蓿叶片的不饱和脂肪酸含量是茎秆6倍左右。

（4）不同生育期苜蓿不同部位的短链脂肪酸含量变化。通过对不同生育期苜蓿不同部位取样，研究生育期和苜蓿植株部位对短链脂肪酸含量的影响，如表3-34所示。对于苜蓿整株，随着生育期的推迟，其短链脂肪酸含量呈现出先升高后降低的趋势，短链脂肪酸含量现蕾期（0.81%）<盛花期（1.14%）<初花期（1.21%），盛花期整株的短链脂肪酸含量相对于现蕾期升高了40.74%；对于苜蓿茎秆，随着生育期的推迟，其短链脂肪酸的变化差异不显著；对于苜蓿叶片，苜蓿叶片短链脂肪酸含量现蕾期（1.48%）<盛花期（1.64%）<初花期（1.75%），盛花期的苜蓿叶片短链脂肪酸含量相对于现蕾期升高了10.81%。

表3-34　不同生育期苜蓿不同部位的短链脂肪酸含量差异（%DM）

部位	生育期			短链脂肪酸的升高率（%）
	现蕾期	初花期	盛花期	
整株	0.81 ± 0.01Cb	1.21 ± 0.02Ab	1.14 ± 0.02Bb	40.74
茎秆	0.71 ± 0.01Ac	0.74 ± 0.01Ac	0.72 ± 0.01Ac	1.41
叶片	1.48 ± 0.02Ca	1.75 ± 0.02Aa	1.64 ± 0.01Ba	10.81
叶片短链脂肪酸/茎秆短链脂肪酸	2.10	2.36	2.29	—

从苜蓿不同植株部位来看，不同生育期苜蓿的短链脂肪酸含量叶片>整株>茎秆，且不同部位间的短链脂肪酸含量差异显著。对于现蕾期，叶片的短链脂肪酸含量最高（1.48%），其次是整株的短链脂肪酸含量为0.81%，最低的为茎秆的0.71%，叶片的短链脂肪酸含量是茎秆的2.10倍；对于初花期，短链脂肪酸含量叶片（1.75%）>整株（1.21%）>茎秆（0.74%），叶片的短链脂肪酸含量是茎秆的2.36倍；对于盛花期，叶片的短链脂肪酸含量（1.64%）>

整株（1.14%）>茎秆（0.72%），叶片的短链脂肪酸含量是茎秆的2.29倍。

整体分析发现，苜蓿生育期对叶片和整株的短链脂肪酸含量影响较大，对茎秆的短链脂肪酸含量影响较小，随着生育期的推迟，苜蓿整株和叶片的短链脂肪酸含量变化趋势为先升高后降低，而茎秆的短链脂肪酸含量变化差异不显著；不同部位短链脂肪酸含量变化差异为叶片>整株>茎秆，其短链脂肪酸主要储存在苜蓿叶片中，其不同生育期苜蓿叶片的不饱和脂肪酸含量是茎秆2倍左右。

（5）不同生育期苜蓿不同部位的脂肪酸组分含量变化。不同生育期苜蓿不同植株部位的短链脂肪酸组分的变化如图3-13所示。不同生育期苜蓿不同植株部位中检测到的短链脂肪酸组分主要为C18:0和C16:0，其中C18:0含量较低，只有0.04%~0.07%，而C16:0的含量较高，其变化范围为0.22%~0.56%。对于不同植株部位，不同生育期苜蓿的C18:0和C16:0含量叶片>整株>茎秆。

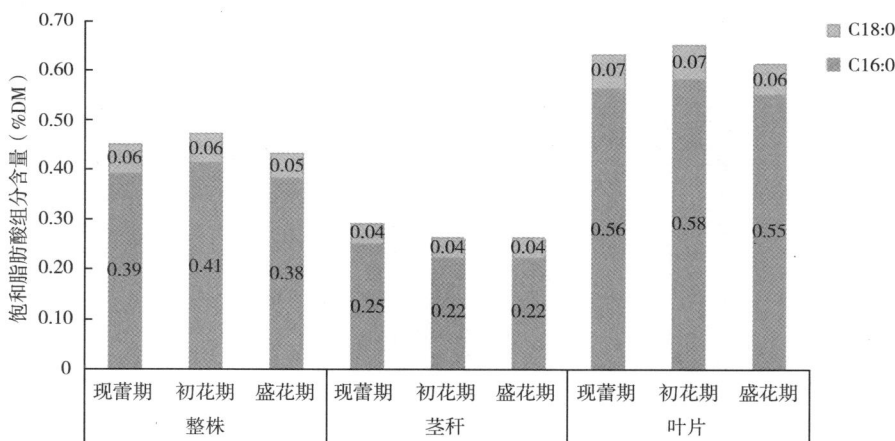

图3-13　不同生育期苜蓿不同部位短链脂肪酸组分的变化

不同生育期苜蓿不同植株部位的不饱和脂肪酸组分的变化如图3-14所示，不同生育期苜蓿不同植株部位中检测到的不饱和脂肪酸组分主要为C18:1、C18:2和C18:3。生育期和植株部位对C18:1的含量影响较小，其含量变化范围为0.01%~0.04%。生育期对C18:2含量的影响较大（茎秆除外），其变化范围为0.12%~0.44%。对于苜蓿整株，随着生育期的推迟，其C18:2含量呈现出先升高后降低的趋势；对于苜蓿叶片，随着生育期推迟，其C18:2含量呈

现出逐渐升高的趋势。生育期对C18:3的影响较大（茎秆除外），其变化范围
为0.09%~1.09%，随着生育期的推迟，苜蓿整株和叶片的C18:3含量呈现出先
升高后降低的趋势。对于不同植株部位，其叶片的C18:1、C18:2和C18:3含量>
整株>茎秆。

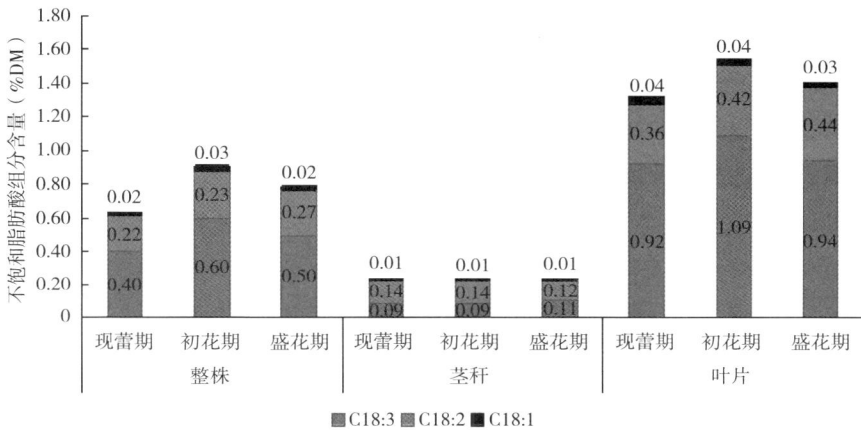

图3-14　不同生育期苜蓿不同部位不饱和脂肪酸组分的变化

（6）苜蓿脂肪指标与生育期的对应关系。苜蓿的脂肪指标与生育期的对
应关系如图3-15所示。3个生育期坐标点按照从左到右分布在横轴两侧，现
蕾期和初花期靠近横轴，而盛花期靠近纵轴。这说明横轴可以较好地表示现

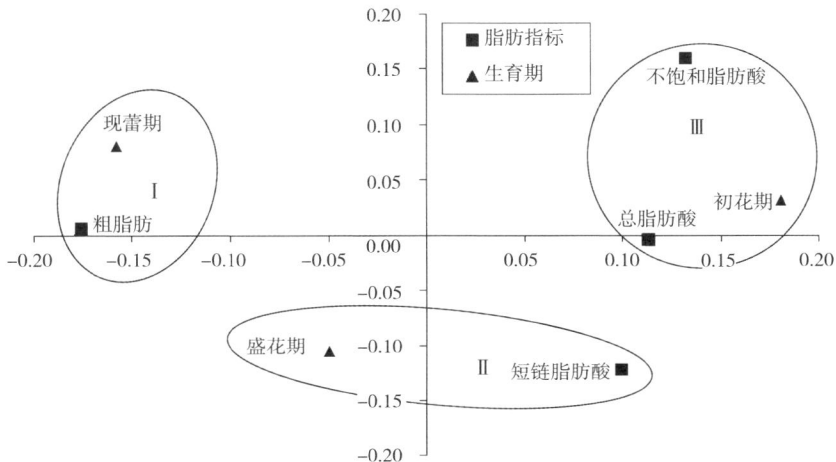

图3-15　不同生育期苜蓿脂肪指标的变化

蕾期和初花期两个时期的各脂肪指标变化的信息，但是纵轴表示的盛花期时期信息也值得重视。

4个脂肪指标和3个生育期的坐标点在双坐标构成的平面直角坐标系中主要分布在3个区域，分别标记为区域Ⅰ、区域Ⅱ和区域Ⅲ。在区域Ⅰ中，包含现蕾期和粗脂肪；区域Ⅱ中，包含盛花期和短链脂肪酸；区域Ⅲ中，包含初花期和总脂肪酸、不饱和脂肪酸。

结合苜蓿不同生育期的脂肪指标原始数据和对应分析的结果可知，现蕾期的苜蓿各部位的粗脂肪总含量较高，初花期苜蓿的不饱和脂肪酸和总脂肪酸含量最高，盛花期的短链脂肪酸含量较高。

（7）苜蓿脂肪指标与极值母序列的关联度分析。通过对不同生育期苜蓿整株的脂肪指标与极值母序列的关联度进行分析，从而综合评价生育期对脂肪指标的影响，其结果如表3-35所示。不同生育期苜蓿脂肪指标与极值母序列的关联度大小顺序为：初花期（0.9382）>盛花期（0.7303）>现蕾期（0.4116），由此说明初花期对脂肪指标影响最大，其次是盛花期，最后是现蕾期。随着生育期的推迟，其脂肪指标含量呈现出先增加后降低的趋势。

表3-35　不同生育期苜蓿的脂肪指标与极值母序列的关联度

生育期	粗脂肪（%DM）	总脂肪酸（%DM）	不饱和脂肪酸（%DM）	短链脂肪酸（%DM）	关联度
现蕾期	2.09	1.45	0.64	0.81	0.4116
初花期	2.61	2.12	0.91	1.21	0.9382
盛花期	2.55	1.93	0.79	1.14	0.7303

3.3.2　生育期对苜蓿氨基酸指标的影响

3.3.2.1　不同生育期苜蓿不同部位的氨基酸指标变化

通过对不同生育期苜蓿不同部位取样，研究生育期和苜蓿植株部位对不同氨基酸含量的影响，如表3-36所示。

表3-36 不同生育期苜蓿不同部位的17种氨基酸含量差异（%）

编号	氨基酸	整株			茎秆			叶片		
		现蕾期	初花期	盛花期	现蕾期	初花期	盛花期	现蕾期	初花期	盛花期
1	天冬氨酸#	1.91b	2.17a	1.64c	1.20a	1.03b	1.17a	2.78b	2.78b	3.05a
2	苏氨酸*	0.74b	0.76a	0.65c	0.41a	0.36b	0.34b	1.23a	1.17b	1.12b
3	丝氨酸	0.77a	0.78a	0.71b	0.51a	0.42b	0.42b	1.13a	1.14a	1.13a
4	谷氨酸#	2.04a	1.71b	1.65c	0.85a	0.86a	0.71b	2.92a	2.95a	2.62b
5	甘氨酸#	0.82a	0.83a	0.71b	0.44a	0.37b	0.37b	1.33a	1.28ab	1.25b
6	丙氨酸	1.11a	1.03b	1.02b	0.65a	0.48b	0.44b	1.93a	1.62b	1.54b
7	半胱氨酸	0.17a	0.09b	0.07b	0.04a	0.04a	0.03a	0.17a	0.16a	0.14a
8	缬氨酸*	0.83a	0.83a	0.72b	0.45a	0.38b	0.36c	1.37a	1.28b	1.23c
9	蛋氨酸*#	0.13a	0.08c	0.10b	0.05a	0.04a	0.03b	0.21a	0.18ab	0.17b
10	异亮氨酸*#	0.65a	0.67a	0.62a	0.35a	0.30b	0.28b	1.15a	1.05b	1.02c
11	亮氨酸*#	1.31a	1.32a	1.15b	0.64a	0.57b	0.55b	2.23a	2.12b	2.01c
12	酪氨酸	0.53a	0.51a	0.46b	0.27a	0.21b	0.18c	0.94a	0.94a	0.86b
13	苯丙氨酸*#	0.76a	0.78a	0.67b	0.38a	0.35b	0.31c	1.34a	1.31a	1.20b
14	组氨酸	0.55a	0.50b	0.47c	0.32a	0.27b	0.26b	0.77a	0.76a	0.70b
15	赖氨酸*#	0.93b	0.97a	0.85c	0.54a	0.46b	0.45b	1.55a	1.45b	1.42b
16	精氨酸#	0.76a	0.77a	0.65b	0.36a	0.32b	0.26c	1.42a	1.33b	1.24b
17	脯氨酸	0.64a	0.68a	0.63a	0.42a	0.33b	0.28b	1.28a	1.03b	1.02b
	氨基酸总量	14.64a	14.49a	12.78b	7.87a	6.79b	6.44b	23.76a	22.54b	21.74c
	必需氨基酸总量	5.34a	5.41a	4.77b	2.82a	2.46b	2.32b	9.09a	8.55b	8.17c
	非必需氨基酸总量	9.30a	9.08a	8.01b	5.05a	4.33b	4.12b	14.67a	13.99b	13.57c
	药用氨基酸总量	9.31a	9.31a	8.05b	4.81a	4.29b	4.13b	14.94a	14.44b	13.98c

注：*为必需氨基酸，#为药效氨基酸。同行不同小写字母表示苜蓿同一植株部位不同生育期差异显著。

由表3-36可知，在不同生育期的苜蓿不同植株部位中共检测到17种氨基酸，说明苜蓿的氨基酸种类比较齐全，其总氨基酸含量变化范围为6.44%~23.76%，随着生育期的推迟，总氨基酸含量呈现出逐渐降低的趋势。对于苜蓿整株，现蕾期（14.64%）和初花期（14.49%）的氨基酸总量显著高于盛花期（12.78%），而现蕾期与初花期的氨基酸总量差异不显著；对于苜蓿茎秆，现蕾期（7.87%）的氨基酸总量显著高于初花期（6.79%）和盛花期（6.44%），而初花期与盛花期的氨基酸总量差异不显著；对于苜蓿叶片，现蕾期的氨基酸总量（23.76%）>初花期（22.54%）>盛花期（21.74%）。不同植株部位的氨基酸变化趋势为：叶片氨基酸总量>整株>茎秆。

本书共检测到苏氨酸、缬氨酸、蛋氨酸、异亮氨酸亮氨酸、苯丙氨酸和赖氨酸7种必需氨基酸，8种必需氨基酸中只有色氨酸没有检测到，由于色氨酸在样品前处理中很容易被水解，不能排除紫花苜蓿植株中含有色氨酸的可能。在不同生育期苜蓿的不同植株部位中总共检测到必需氨基酸总量为2.32%~9.09%，随着生育期的推迟，在不同植株部位中苜蓿必需氨基酸总量呈现出逐渐降低的趋势。对于不同植株部位整体来看，苜蓿叶片的必需氨基酸含量>整株>茎秆。对于苏氨酸，在苜蓿整株中，随着生育期的推迟，其含量呈现出先升高后降低的趋势，初花期的苏氨酸含量（0.76%）>现蕾期（0.74%）>初花期（0.65%）（$P<0.05$）。在苜蓿茎秆和叶片中，随着生育期的推迟，其苏氨酸含量呈现出逐渐降低的趋势，现蕾期的苏氨酸含量显著高于初花期和盛花期，而初花期和盛花期苜蓿茎秆的苏氨酸含量差异不显著；对于缬氨酸，在苜蓿整株中，现蕾期（0.83%）和初花期（0.83%）的缬氨酸含量显著高于盛花期（0.72%）。在苜蓿茎秆和叶片中，随着生育期的推迟，其缬氨酸含量呈现出逐渐降低的趋势，现蕾期的缬氨酸含量>初花期>盛花期；对于蛋氨酸，在苜蓿整株中，现蕾期的蛋氨酸含量（0.13%）>盛花期（0.10%）>初花期（0.08%）。在苜蓿茎秆中，生育期对苜蓿茎秆的蛋氨酸含量影响不显著。在苜蓿叶片中，现蕾期的蛋氨酸含量（0.21%）显著高于盛花期（0.17%），而其他生育期之间的蛋氨酸含量差异不显著；对于异亮氨酸，在苜蓿整株中，生育期对其异亮氨酸含量的影响差异不显著。在苜蓿茎秆中，现蕾期的异亮氨酸含量（0.35%）显著高于初花期（0.30%）和盛花期（0.28%），而初花期与盛花期苜蓿茎秆的异亮氨酸含量差异不显著。在苜蓿叶片中，现蕾期的异亮氨酸含量（1.15%）>初花期（1.05%）>盛花期（1.02%）；对于亮氨酸，在苜蓿整株中，现蕾期（1.31%）和初花期（1.32%）的亮氨酸含量显著高于盛花期（1.15%），而现蕾期和初花期苜蓿整株的亮氨酸含量差异不显著。在苜蓿茎秆中，现蕾期的亮氨酸含量（0.64%）显著高于初花期（0.57%）和盛花期（0.55%），而初花期和盛花期苜蓿茎秆的亮氨酸含量差异不显著。在苜蓿叶片中，现蕾期的亮氨酸含量（2.23%）>初花期（2.12%）>盛花期（2.01%）；对于苯丙氨酸，在苜蓿整株和叶片中，现蕾期和初花期的苯丙氨酸含量显著高于盛花期，而现蕾期很初花期苜蓿整株和叶片的苯丙氨酸含量差异不显著。在苜蓿茎秆中，现蕾期的苯丙氨酸含量（0.38%）>初花期（0.35%）>盛花期（0.31%）；对于赖氨酸，在苜蓿整株中，初花期的赖氨酸含量（0.97%）>现蕾期（0.93%）>初花期（0.85%）。在苜蓿茎秆和叶片中，现蕾期的赖氨酸含量显著高于初花期和盛花期，而初花期和盛花期苜蓿茎秆和叶片的赖氨酸含量差异不显著。

通过对不同生育期苜蓿不同植株部位取样，共检测到10种非必需氨基酸，包括天冬氨酸、丝氨酸、谷氨酸、甘氨酸、丙氨酸、半胱氨酸、酪氨酸、组氨酸、精氨酸和脯氨酸。不同生育期苜蓿不同植株部位的非必需氨基酸总量变化为4.12%~14.67%，随着生育期的推迟，其不同植株部位的非必需氨基酸含量呈现出降低的趋势，苜蓿叶片的非必需氨基酸含量>整株>叶片。对于天冬氨酸，在苜蓿整株中，初花期的天冬氨酸含量（2.17%）>现蕾期（1.91%）>初花期（1.64%）。在苜蓿茎秆中，现蕾期（1.20%）和盛花期（1.17%）的天冬氨酸含量显著高于初花期（1.03%），而现蕾期和盛花期苜蓿茎秆的天冬氨酸含量差异不显著。在苜蓿叶片中，盛花期的天冬氨酸含量（3.05%）显著高于现蕾期（2.78%）和初花期（2.78%），而现蕾期和初花期苜蓿叶片的天冬氨酸含量差异不显著；对于丝氨酸，在苜蓿整株中，现蕾期（0.77%）和初花期（0.78%）的丝氨酸含量显著高于盛花期（0.71%），而现蕾期和初花期苜蓿茎秆的丝氨酸含量差异不显著。在苜蓿茎秆中，现蕾期的丝氨酸含量（0.51%）显著高于初花期（0.42%）和盛花期（0.42%），而初花期和盛花期苜蓿茎秆的丝氨酸含量差异不显著。在苜蓿叶片中，生育期对苜蓿叶片的丝氨酸含量影响差异不显著；对于谷氨酸，在苜蓿整株中，现蕾期的谷氨酸含量（2.04%）>初花期（1.71%）>盛花期（1.65%）。在苜蓿茎秆和叶片中，现蕾期和初花期的谷氨酸含量显著高于盛花期，而现蕾期和盛花期苜蓿茎秆和叶片的谷氨酸含量差异不显著；对于甘氨酸，在苜蓿整株中，现蕾期（0.82%）和初花期（0.83%）的甘氨酸含量显著高于盛花期（0.71%），而现蕾期和初花期苜蓿整株的甘氨酸含量差异不显著。在苜蓿茎秆中，现蕾期的甘氨酸含量（0.44%）

显著高于初花期（0.37%）和盛花期（0.37%），而初花期和盛花期苜蓿茎秆的甘氨酸含量差异不显著。在苜蓿叶片中，现蕾期的甘氨酸含量（1.33%）显著高于盛花期（1.25%），而其他生育期之间的甘氨酸含量差异不显著；对于丙氨酸，在苜蓿整株和茎秆中，现蕾期的丙氨酸显著高于初花期和盛花期，而初花期和盛花期苜蓿整株和茎秆的丙氨酸含量差异不显著；在苜蓿叶片中，现蕾期的丙氨酸含量（1.93%）>初花期（1.62%）>盛花期（1.54%）；对于半胱氨酸，在苜蓿整株中，现蕾期的半胱氨酸含量（0.17%）显著高于初花期（0.09%）和盛花期（0.07%），而初花期和盛花期苜蓿整株的半胱氨酸含量差异不显著。在苜蓿茎秆和叶片中，生育期对半胱氨酸含量的影响不显著；对于酪氨酸，在苜蓿整株和叶片中，现蕾期和初花期的酪氨酸含量显著高于盛花期，而现蕾期和初花期苜蓿正祝贺叶片的酪氨酸含量差异不显著。在苜蓿茎秆中，现蕾期的酪氨酸含量（0.27%）>初花期（0.21%）>盛花期（0.18%）；对于组氨酸，在苜蓿整株中，现蕾期的组氨酸含量（0.55%）>初花期（0.50%）>盛花期（0.47%）。在苜蓿茎秆中，现蕾期的组氨酸含量（0.32%）显著高于初花期（0.27%）和盛花期（0.26%），而初花期和盛花期苜蓿茎秆的组氨酸含量差异不显著。在苜蓿叶片中，现蕾期（0.77%）和初花期（0.76%）的组氨酸含量显著高于盛花期（0.70%），而现蕾期和初花期苜蓿叶片的组氨酸含量差异不显著；对于精氨酸，在苜蓿整株中，现蕾期（0.76%）和初花期（0.77%）的精氨酸含量显著高于盛花期（0.65%），而现蕾期和初花期苜蓿叶片的精氨酸含量差异不显著。在苜蓿茎秆和叶片中，现蕾期的精氨酸含量>初花期>盛花期；对于脯氨酸，在苜蓿整株中，生育期对苜蓿整株的脯氨酸含量影响不显著。在苜蓿茎秆中，现蕾期的脯氨酸含量（0.42%）>初花期（0.33%）>盛花期（0.28%）。在苜蓿叶片中，现蕾期的脯氨酸含量（1.28%）显著高于初花期（1.03%）和盛花期（1.02%），而初花期和盛花期苜蓿叶片的脯氨酸含量差异不显著。

通过对不同生育期苜蓿不同植株部位取样，共检测到9种药用氨基酸，包括天冬氨酸、谷氨酸、甘氨酸、蛋氨酸、异亮氨酸、亮氨酸、苯丙氨酸、赖氨酸和精氨酸。其药用氨基酸总量的变化范围为4.13%~14.94%，在不同植株部位的药用氨基酸总量的变化趋势为：叶片>整株>茎秆。在苜蓿整株中，现蕾期的苜蓿药用氨基酸总量（9.31%）和初花期（9.31%）显著高于盛花期（8.05%），而现蕾期和初花期苜蓿整株的药用氨基酸总含量差异不显著；在苜蓿茎秆中，现蕾期的药用氨基酸总含量（4.81%）显著高于初花期（4.29%）和盛花期（4.13%），而初花期和盛花期苜蓿茎秆的药用氨基酸总含量差异不显著；在苜蓿叶片中，现蕾期的药用氨基酸总含量（14.94%）>初花期（14.44%）>盛花期（13.98%）。

3.3.2.2 苜蓿氨基酸含量与生育期的对应关系

苜蓿的氨基酸指标与生育期的对应关系如图3-16所示。3个生育期坐标点按照从左到右分布在横轴两侧，现蕾期、盛花期和初花期都靠近横轴。这说明横轴可以很好地表示现蕾期、初花期和盛花期3个时期的各氨基酸指标变化的信息。

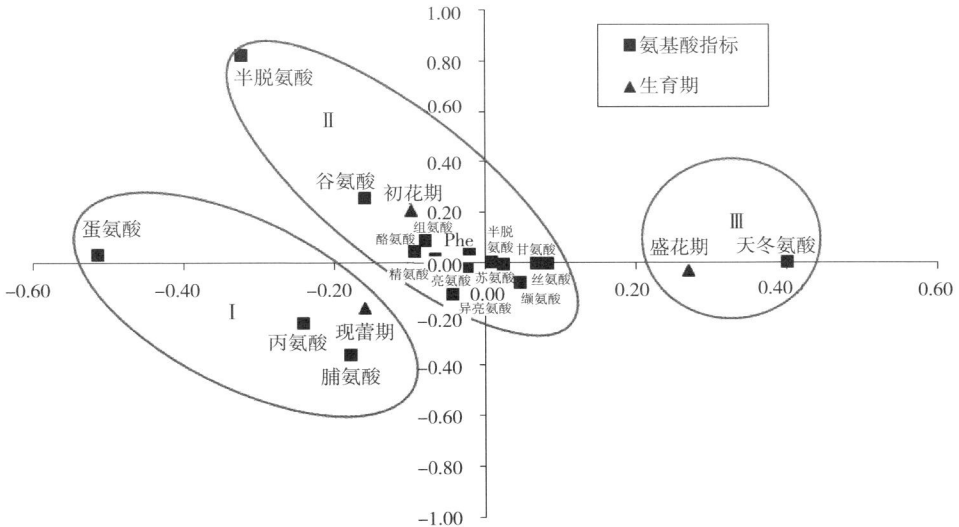

图3-16 不同生育期苜蓿各氨基酸含量的变化

17个氨基酸指标和3个生育期的坐标点在双坐标构成的平面直角坐标系中主要分布在3个区域，分别标记为区域Ⅰ、区域Ⅱ和区域Ⅲ。在区域Ⅰ中，包含现蕾期和蛋氨酸、丙氨酸、脯氨酸；区域Ⅲ中，只包含盛花期和天冬氨酸；区域Ⅱ中，包含初花期和其他13种氨基酸。

结合苜蓿不同生育期的氨基酸指标原始数据和对应分析的结果可知，现蕾期时期的苜蓿的蛋氨酸、丙氨酸和脯氨酸含量较高，蛋氨酸离现蕾期距离比丙氨酸和脯氨酸离现蕾期距离更远，说明现蕾期对丙氨酸和脯氨酸含量的影响大于对蛋氨酸含量的影响；初花期时期苜蓿的大多数氨基酸含量较高，说明在初花期时期苜蓿主要氨基酸含量达到顶峰；而盛花期与天冬氨酸距离较近，这是由于在盛花期苜蓿叶片的天冬氨酸含量最高，显著高于初花期和盛花期。

3.3.2.3　苜蓿氨基酸指标与极值母序列的关联分析

通过对不同生育期苜蓿整株的氨基酸指标与极值母序列的关联度进行分析，从而综合评价生育期对氨基酸指标的影响，其结果如表3-37所示。现蕾期和初花期的氨基酸指标与极值母序列的关联度相差不多，其关联系数分别为0.8618和0.8518，而盛花期的氨基酸指标与极值母序列的关联度较低，为0.7512，由此说明现蕾期和初花期对氨基酸指标含量的影响大于盛花期。随着生育期的推迟，其氨基酸含量整体呈现出逐渐降低的趋势。

表3-37　不同生育期苜蓿的营氨基酸指标与极值母序列的关联度

氨基酸	现蕾期	初花期	盛花期
天冬氨酸	1.91	2.17	1.64
苏氨酸	0.74	0.76	0.65
丝氨酸	0.77	0.78	0.71
谷氨酸	2.04	1.71	1.65
甘氨酸	0.82	0.83	0.71
丙氨酸	1.11	1.03	1.02
半胱氨酸	0.17	0.09	0.07
缬氨酸	0.83	0.83	0.72
蛋氨酸	0.13	0.08	0.10
异亮氨酸	0.65	0.67	0.62
亮氨酸	1.31	1.32	1.15
酪氨酸	0.53	0.51	0.46
苯丙氨酸	0.76	0.78	0.67
组氨酸	0.55	0.50	0.47
赖氨酸	0.93	0.97	0.85
精氨酸	0.76	0.77	0.65
脯氨酸	0.64	0.68	0.63
关联度	0.8618	0.8518	0.7512

3.3.3 生育期对苜蓿次级代谢产物的影响

3.3.3.1 不同生育期苜蓿不同部位的黄酮含量变化

通过对不同生育期苜蓿的不同部位取样，研究生育期和植株部位对苜蓿黄酮含量的影响，如表3-38所示。对于苜蓿整株，现蕾期（1.41 mg/g）和盛花期（1.45 mg/g）的黄酮含量显著高于初花期（1.11 mg/g），而现蕾期和初花期苜蓿整株的黄酮含量差异不显著；对于苜蓿茎秆，盛花期（0.41 mg/g）的黄酮含量显著高于现蕾期（0.29 mg/g）和初花期（0.25 mg/g），而现蕾期和初花期苜蓿茎秆的黄酮含量差异不显著；对于苜蓿叶片，现蕾期（3.26 mg/g）的黄酮含量显著高于初花期（2.41 mg/g）和盛花期（2.62 mg/g），而初花期和盛花期苜蓿叶片的黄酮含量差异不显著。从生育期来看，对于现蕾期，苜蓿叶片的黄酮含量（3.26 mg/g）>整株（1.41 mg/g）>茎秆（0.29 mg/g），现蕾期苜蓿叶片的黄酮含量是茎秆的11.24倍；对于初花期，苜蓿叶片的黄酮含量（2.41 mg/g）>整株（1.11 mg/g）>茎秆（0.25 mg/g），初花期苜蓿叶片的黄酮含量是茎秆的9.64倍；对于盛花期，苜蓿叶片的黄酮含量（2.62 mg/g）>整株（1.45 mg/g）>茎秆（0.41 mg/g），盛花期苜蓿叶片的黄酮含量是茎秆的6.39倍。

表3-38 不同生育期苜蓿不同部位的黄酮含量（mg/g）

部位	生育期		
	现蕾期	初花期	盛花期
整株	1.41 ± 0.04Ab	1.11 ± 0.09Bb	1.45 ± 0.10Ab
茎秆	0.29 ± 0.03Bc	0.25 ± 0.01Bc	0.41 ± 0.03Ac
叶片	3.26 ± 0.10Aa	2.41 ± 0.24Ba	2.62 ± 0.13Ba
叶片黄酮/茎秆黄酮	11.24	9.64	6.39

从整体分析来看，生育期和植株部位对苜蓿黄酮含量影响较大，随着生育期的推迟，苜蓿植株不同部位的黄酮含量呈现出先降低后升高的趋势。而不同生育期苜蓿叶片的黄酮含量>整株>茎秆，叶片的黄酮含量是茎秆的6.39~11.24倍。

3.3.3.2　不同生育期苜蓿不同部位的单宁含量变化

通过对不同生育期苜蓿的不同部位取样，研究生育期和植株部位对苜蓿单宁含量的影响，如表3-39所示。对于苜蓿整株，随着生育期的推迟，其单宁含量呈现出逐渐升高的趋势，现蕾期的单宁含量（79.88 mg/kg）<初花期（85.69 mg/kg）<盛花期（99.28 mg/g）。对于苜蓿茎秆，现蕾期（53.32 mg/kg）的单宁含量显著高于初花期（45.49 mg/kg）和盛花期（45.65 mg/kg），而初花期和盛花期苜蓿茎秆的单宁含量差异不显著；对于苜蓿叶片，现蕾期（129.87 mg/kg）的单宁含量>盛花期（126.36 mg/kg）>初花期（111.19 mg/kg）。从生育期来看，对于现蕾期，苜蓿叶片的单宁含量（129.87 mg/kg）>整株（79.88 mg/kg）>茎秆（53.32 mg/kg）；而现蕾期苜蓿叶片的单宁含量是茎秆的2.44倍；对于初花期，苜蓿叶片的单宁含量（111.19 mg/kg）>整株（85.69 mg/kg）>茎秆（45.49 mg/kg）；而初花期苜蓿叶片的单宁含量是茎秆的2.44倍；对于盛花期，苜蓿叶片的单宁含量（126.36 mg/kg）>整株（99.28 mg/kg）>茎秆（45.65 mg/kg）；而盛花期苜蓿叶片的单宁含量是茎秆的2.77倍。

表3-39　不同生育期苜蓿不同部位的单宁含量（mg/kg）

部位	生育期		
	现蕾期	初花期	盛花期
整株	79.88 ± 0.84Cb	85.69 ± 0.59Bb	99.28 ± 0.23Ab
茎秆	53.32 ± 0.04Ac	45.49 ± 1.38Bc	45.65 ± 0.33Bc
叶片	129.87 ± 1.55Aa	111.19 ± 0.12Ca	126.36 ± 0.18Ba
叶片单宁/茎秆单宁	2.44	2.44	2.77

从整体分析来看，生育期和植株部位对苜蓿单宁含量影响较大，随着生育期的推迟，苜蓿不同植株部位的单宁含量变化趋势各异，苜蓿整株的单宁含量呈现出逐渐升高的趋势，苜蓿茎秆和叶片呈现出先降低后升高的趋势。而不同生育期苜蓿叶片的单宁含量>整株>茎秆，叶片的单宁含量是茎秆的2.5倍左右。

3.3.4 生育期对苜蓿营养品质的影响机制

3.3.4.1 不同生育期苜蓿转录组测序结果分析

（1）转录组测序和组装。对现蕾期、初花期和盛花期苜蓿进行转录组测序，研究其控制苜蓿营养品质的关键基因，从基因层面探讨苜蓿随着生育期的推迟，其营养品质下降的内在机理。不同生育期苜蓿转录组产量如表3-40所示，对所有样品混合并进行测序，以此作为参考文库，共得到了62931454763个核苷酸（约63 Gb）、4亿多个读长。从现蕾期转录组共获得了4655万个原始数据，全长为6.98 Gb的核苷酸；从初花期转录组共获得了4696万个原始数据，全长为7.04 Gb的核苷酸；从盛花期转录组共获得了4733万个原始数据，全长为7.10 Gb的核苷酸。经过去除接头序列、冗余片段和低质量片段，从现蕾期转录组测序得到46509789个clean reads，包括6937526692个核苷酸（6.93 Gb），其中Q20百分比为97.45%，GC含量为44.00%；从初花期转录组测序得到46909455个clean reads，包括6989245689个核苷酸（6.98Gb），其中Q20百分比为97.25%，GC含量为44.01%；从盛花期转录组测序得到47276136个clean reads，包括7050379206个核苷酸（6.98Gb），其中Q20百分比为97.31%，GC含量为43.73%。高质量的读长通过Trinity组装得到87539个单一序列，平均长度为725nt，其中N50为1204。这些单一序列的长度大部分

表3-40 不同生育期苜蓿样品测序数据统计结果

文库		总数	总核苷酸数 （nt）	平均长度 （nt）	Q20百分比 （%）	N百分比 （%）	碱基GC百 分比（%）	N50
参考文库		422086142	62931454763	150	97.34	0.00	43.91	—
原始 数据	现蕾期	46559000	6983850000	150	97.38	00.00		—
	初花期	46969488	7045423200	150	97.17	0.00		—
	盛花期	47335668	7100350200	150	97.24	0.00		—
读长	现蕾期	46509789	6937526692	150	97.45	0.00	44.00	—
	初花期	46909455	6989245689	150	97.25	0.00	44.01	—
	盛花期	47276136	7050379206	150	97.31	0.00	43.73	—
单一序列		87539	63553960	725	—	0.00	40.02	1204

分布在200~3000 nt（图3-17）。以上结果表明不同生育期苜蓿转录组的测序和组装质量较高，可以进行进一步分析。

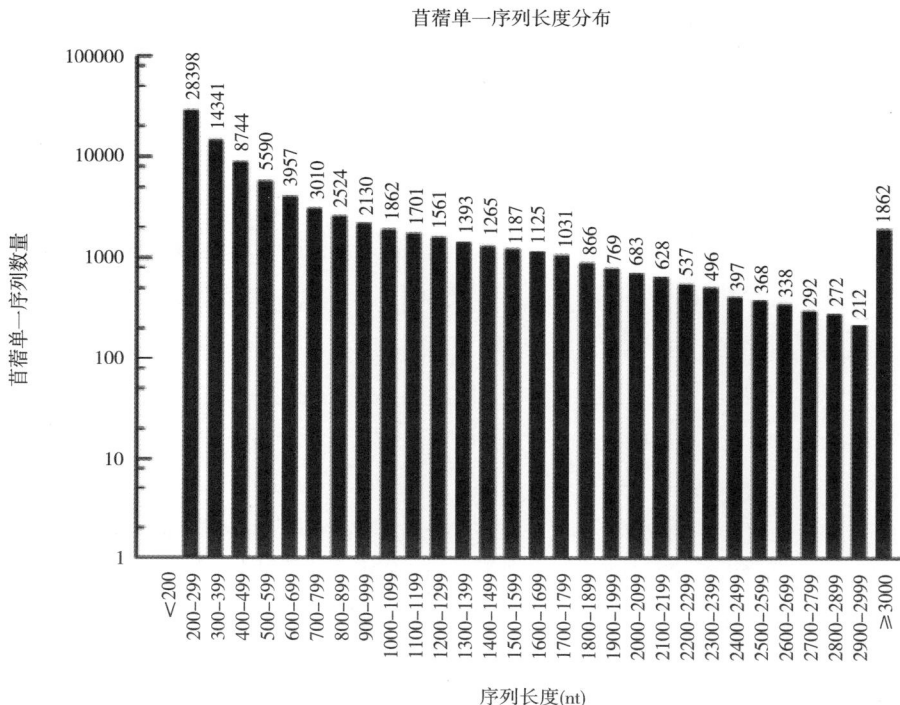

苜蓿单一序列长度分布

图3-17　不同生育期苜蓿样品的单一序列数目及其长度分布

（2）从头测序组装结果的评估分析。当一个转录组组装完成后，通常会使用N50和基因的数量来大概评估组装的结果，但是这些指标只是侧面评估的方法，并不能直接作为衡量的标准，因此，通用单拷贝同源基因基准（Benchmarking Universal Single-Copy Orthologs，BUSCO）评估组装完整性的软件就应运而生。BUSCO是利用直系同源数据库来构建了6种主要的系统进化分枝的基因集。BUSCO对数百个基因组进行采样，并选择单拷贝直系同源性>90%的基因用作直系同源基因集。值得注意的是，这个90%的阈值说明一个事实：即使是一些保守的基因也会可能在某些家系中丢失，并且不完整的基因注释和少量的基因复制也可能发生。通常一个BUSCO集里的基因不会太多，如植物库，里面有1440个基因，这些基因都是保守的单拷贝同源基因，通过对组装后的结果进行比对，寻找组装后的单拷贝同源基因，查看这些基因的有无以及是否完整，通过对保守基因的存在情况以及是否完整，从而对基因组组装的完整度做一定的评估。

本转录组的从头测序组装结果的评估分析如图3-18所示，在完全比对上BUSCO集期望长度的基因数为1223（84.93%），这些基因中有1171（81.32%）个基因是单拷贝同源基因，有52（3.61%）个基因多次比对到BUSCO集；有92（6.39%）个基因只有部分序列能够比对上BUSCO集；有125（8.68%）个基因完全不能匹配到BUSCO集。以上结果说明本转录组数据的从头测序组装结果完整性较好。

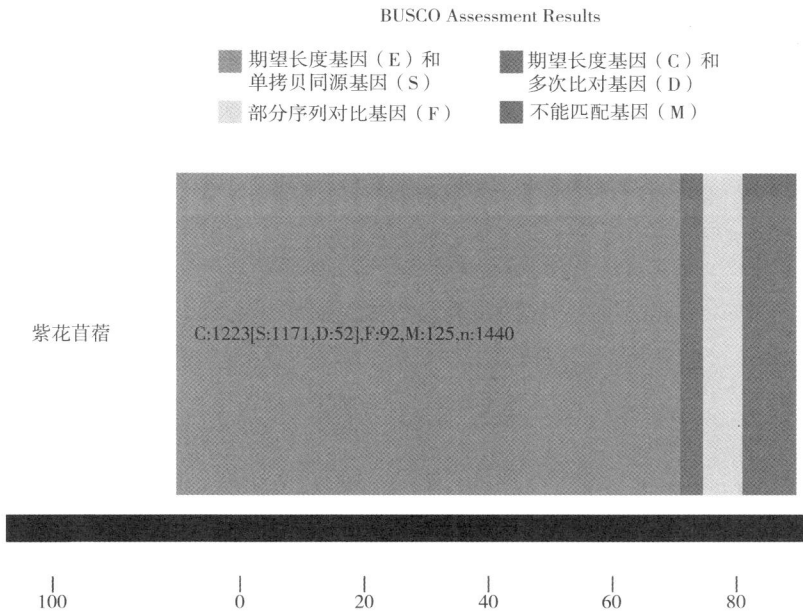

图3-18　不同生育期苜蓿单一序列组装完整性评估图

（3）基因注释结果分析。使用blastx（E值$<1 \times 10^{-5}$）将不同生育期苜蓿转录组得到的单一序列与Nr、Swissprot、KOG和KEGG四大公共蛋白数据库进行比对，其注释结果如表3-41所示。对于Nr数据库，注释到58822（67.20%）条单一序列，对于Swissprot、KOG和KEGG数据库分别注释到30915（35.32%），24917（28.46%）和19776（22.59%）条单一序列。对比4个蛋白数据库共有

59476（7.94%）条单一序列被注释，有28063（32.06%）条单一序列没有被注释到，而这28063条单一序列可能是本试验材料特有的基因，有待后续更加深入的研究。如图3-19所示，有13739条单一序列被同时注释到4个蛋白数据库，有13条单一序列只注释到KEGG数据库，40条单一序列单独注释到KOG数据库，22643条单一序列单独注释到Nr数据库，有380条单一序列单独注释到Swissprot数据库。

表3-41　不同生育期苜蓿基因注释结果统计表

数据库	单一序列数量	注释百分比
Nr	58822	67.20
Swissprot	30915	35.32
KOG	24917	28.46
KEGG	19776	22.59
注释基因	59476	67.94
没有注释的基因	28063	32.06
总和	87539	100

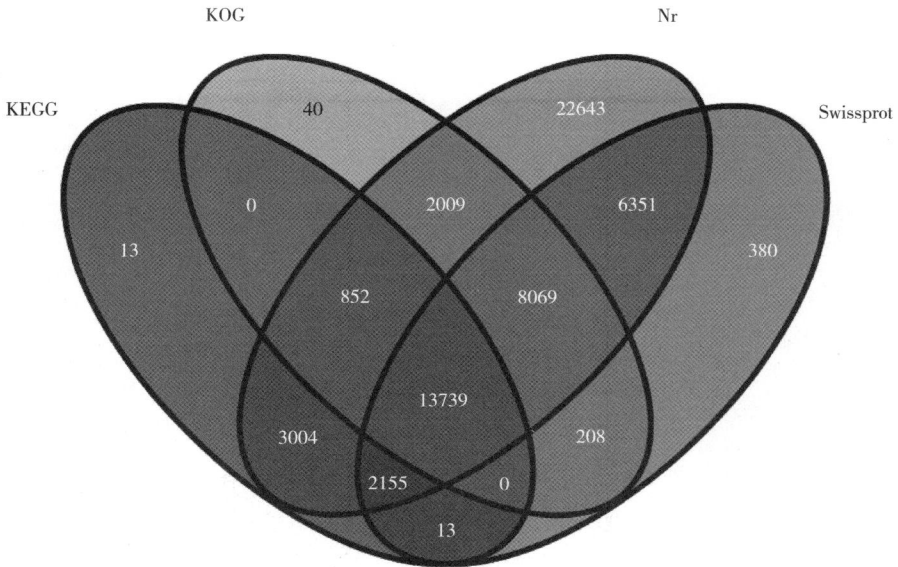

图3-19　由blastx注释的不同生育期苜蓿单一序列数量的维恩图

　　基于四大蛋白数据库注释和evalue值分布结果统计如图3-20所示，对于KEGG数据库来说，3854（19.49%）条单一序列具有同源性（$1E^{-20}$ <evalue< $1E^{-5}$），8553（43.25%）条单一序列具有较强的同源性（$1E^{-100}$ ≤evalue≤ $1E^{-20}$），7369（37.26%）条单一序列具有很强的同源性（evalue< $1E^{-100}$）；对于KOG数据库来说，6050（24.28%）条单一序列具有同源性（$1E^{-20}$ <evalue< $1E^{-5}$），12182（48.89%）条单一序列具有较强的同源性（$1E^{-100}$ ≤evalue≤ $1E^{-20}$），6685（26.83%）条单一序列具有很强的同源性（evalue< $1E^{-100}$）；对于Nr数据

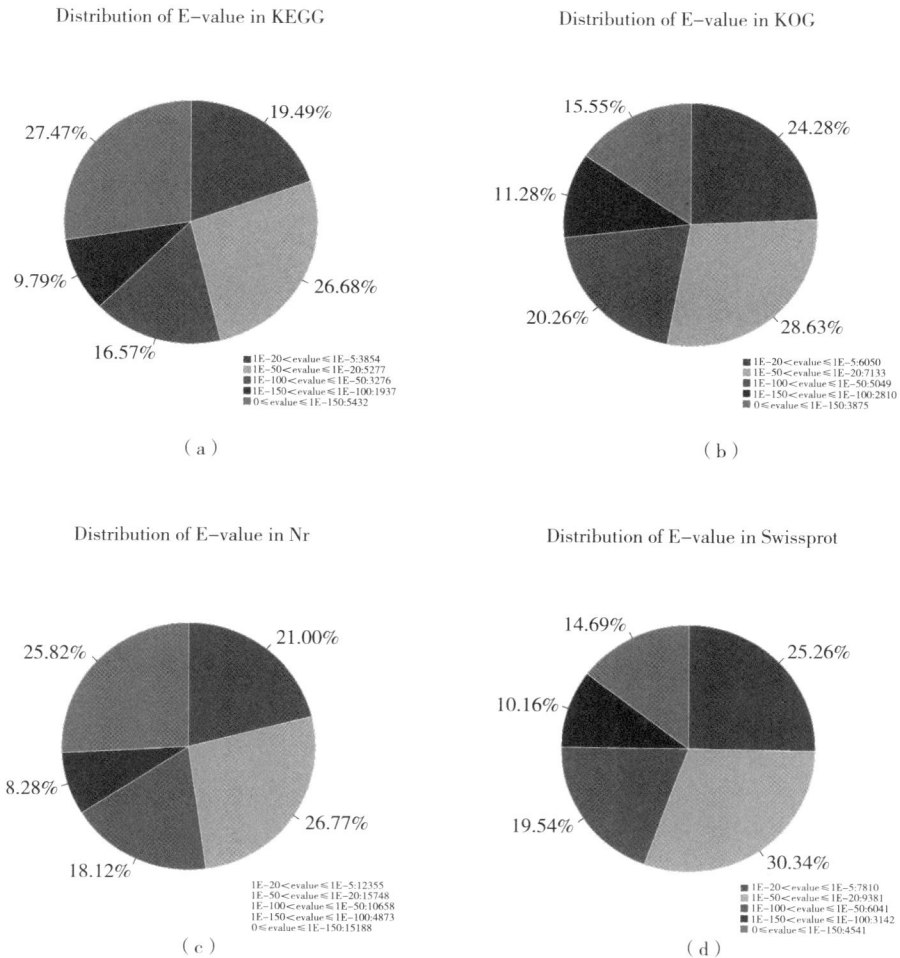

Distribution of E-value in KEGG

Distribution of E-value in KOG

（a）

（b）

Distribution of E-value in Nr

Distribution of E-value in Swissprot

（c）

（d）

图3-20　不同生育期苜蓿单一序列与4个蛋白数据库比对的evalue分布图

库来说，12355（21.00%）条单一序列具有同源性（$1E^{-20}$ <evalue <$1E^{-5}$），26406（44.89%）条单一序列具有较强的同源性（$1E^{-100}$ = <evalue <= $1E^{-20}$），20061（34.10%）条单一序列具有很强的同源性（evalue <$1E^{-100}$）；对于Swissprot数据库来说，7810（25.26%）条注释到的单一序列具有同源性（$1E^{-20}$ <evalue <$1E^{-5}$），15422（49.88%）条单一序列具有很强的同源性（$1E^{-100}$ = <evalue <= $1E^{-20}$），而7683（24.85%）条单一序列具有很强的同源性（evalue <$1E^{-100}$）。

利用 blastx 将组装出来的单一序列与 Nr 数据库进行比对后，取每个单一序列在 Nr 库中比对结果最好（evalue 值最低）的那一条序列为对应同源序列（如有并列，取第一条），确定同源序列所属物种，统计比对到各个物种的同源序列数量如图 3-21 所示。大多数序列（42425 条）与蒺藜苜蓿具有最高的同源性，其次是鹰嘴豆（3413）、红掌（2023）、木豆（1672）、大豆（644）、地三叶（561）、野大豆（469）、狭叶羽扇豆（393）、甘蓝型油菜（366）、紫花苜蓿（340），其余的6516条单一序列与其他物种的同源性较低。

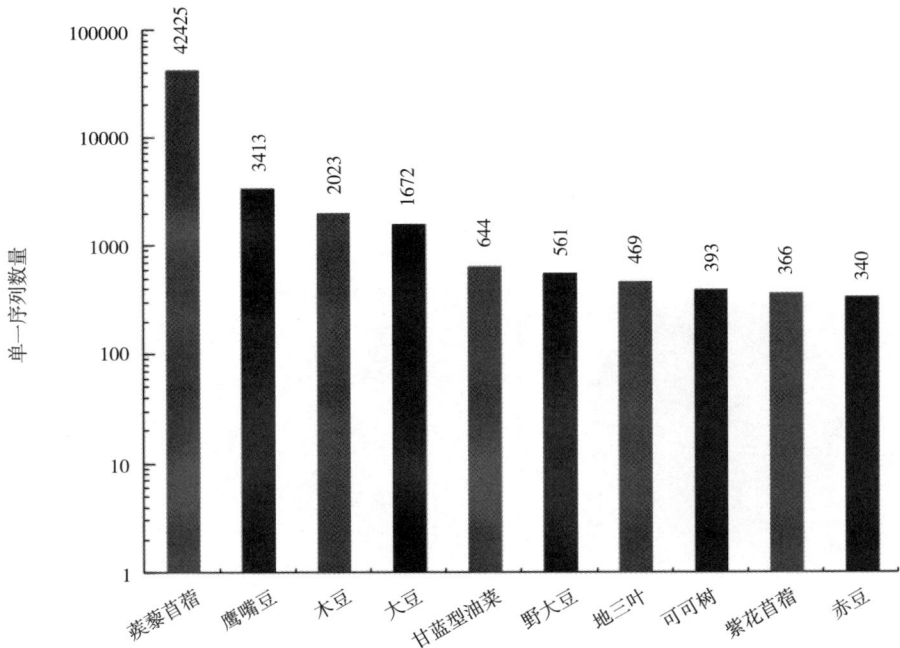

图3-21 在Nr数据库中比对上的前10名物种（不同生育期）

为了进一步评估本转录组获得的单一序列的完整性，预测和分类可能的功能，将不同生育期苜蓿转录组数据得到的单一序列在KOG数据库中进行了搜索，其结果如图3-22所示。共有24917条单一序列与KOG数据库中的已知序列具有显著的同源性，因为有的基因序列被标注为多个KOG分类，所以共有35414条单一序列被注释，涉及25个不同的功能类群。首先，通用功能预测包含8970条单一序列，是最大的功能类群；其次是信号转导机制（4513），蛋白翻译后的修饰、转换、伴侣（3849），翻译、核糖体结构和生物起源（2566），能源生产与转化（1885），RNA加工与修饰（1737）；最后，只有少数单一序列被注释为细胞外结构（85），核结构（77）和细胞运动（20）。

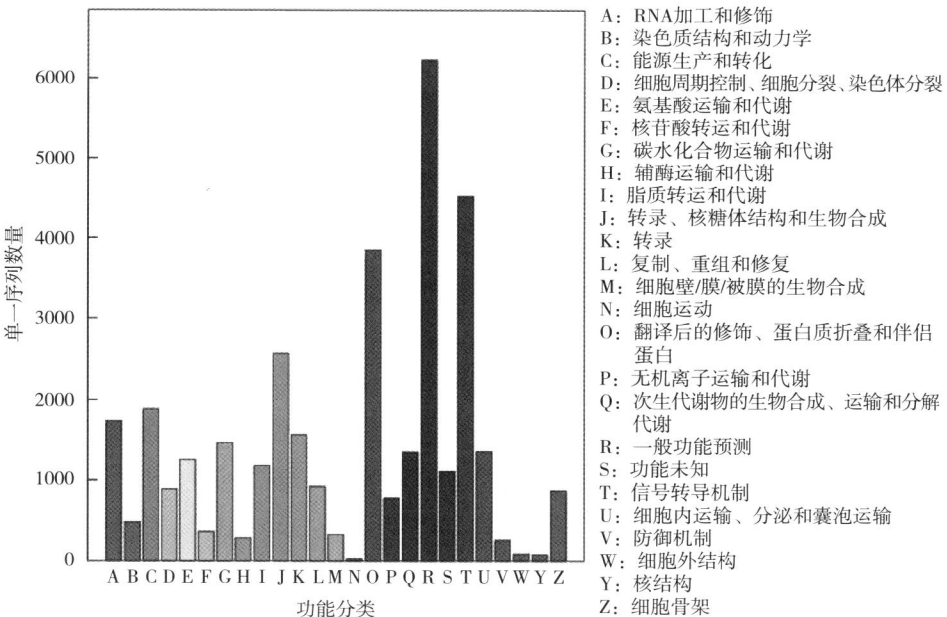

A：RNA加工和修饰
B：染色质结构和动力学
C：能源生产和转化
D：细胞周期控制、细胞分裂、染色体分裂
E：氨基酸运输和代谢
F：核苷酸转运和代谢
G：碳水化合物运输和代谢
H：辅酶运输和代谢
I：脂质转运和代谢
J：转录、核糖体结构和生物合成
K：转录
L：复制、重组和修复
M：细胞壁/膜/被膜的生物合成
N：细胞运动
O：翻译后的修饰、蛋白质折叠和伴侣蛋白
P：无机离子运输和代谢
Q：次生代谢物的生物合成、运输和分解代谢
R：一般功能预测
S：功能未知
T：信号转导机制
U：细胞内运输、分泌和囊泡运输
V：防御机制
W：细胞外结构
Y：核结构
Z：细胞骨架

图3-22　不同生育期苜蓿转录组的KOG分类图

（4）差异基因的筛选。通过对3个生育期紫花苜蓿的转录组测序，在错误发现率＜0.05且|log2 Fold change（FC）|＞1的筛选条件下找到现蕾期，初花期和盛花期3个生育期苜蓿之间的差异表达基因。如图3-23所示，在现蕾期和初花期苜蓿之间共找到9302条差异基因，相对现蕾期苜蓿来

说，初花期苜蓿有5034条基因上调，4278条基因下调（现蕾期–vs–初花期，图3-23a）；在初花期和盛花期苜蓿之间共找到6096条差异基因，其中4489条基因上调，1607条基因下调（初花期–vs–盛花期，图3-23b）；在现蕾和盛花期苜蓿之间共找到17146条差异基因，其中11743条基因上调，5403条基因下调（现蕾期–vs–初花期，图3-23c）；得到的差异表达基因用于后续分析。

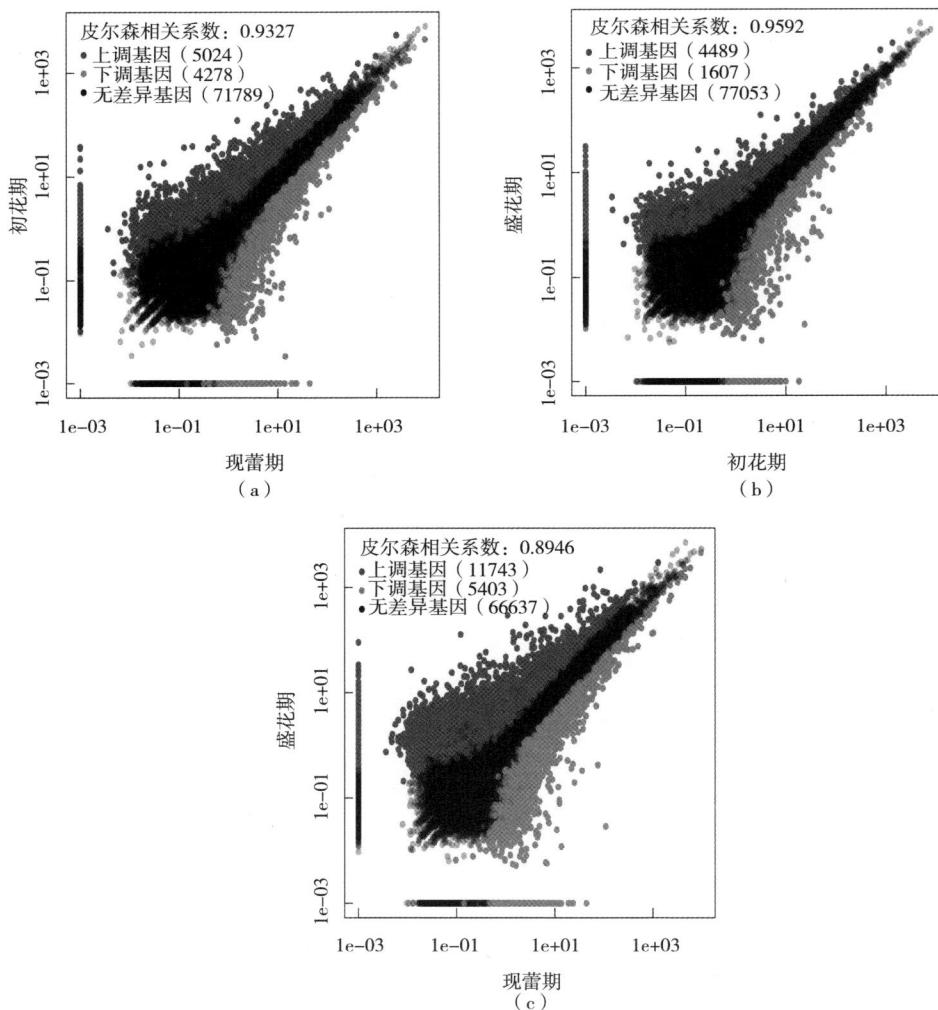

图3-23　3个生育期紫花苜蓿叶片的差异基因分析火山图

注：A：现蕾期与初花期差异基因；B：初花期与盛花期差异基因；C：现蕾期与盛花期差异基因。

（5）不同生育期苜蓿差异基因的趋势分析。趋势分析是一种基于多个连续样本（至少3个）的特征对基因表达模式（多个阶段的表达曲线的形状）进行聚类的方法。然后从聚类结果中选择一组符合某些生物学特征（如表达的持续增加）的基因。使用软件STEM（Short Time-series Expression Miner）输入每个样本中包含基因表达的文件（样本根据生物学逻辑排列），然后选择用于趋势分析的参数。对现蕾期、初花期和盛花期3个生育期苜蓿的差异进行趋势分析，其结果如图3-24所示。共有20878条基因在现蕾期，初花期和盛花期的趋势分析中显著富集。随着生育期的推迟（现蕾期→初花期→盛花期），有4948条基因表达量是先升高后不变，有4791条基因表达量呈现出逐渐增加的趋势，有3117条基因表达量呈现出先下降后不变的趋势，有2651条基因表达量呈现出先不变后上升的趋势，有1677条基因表达量呈现出先下降后上升的趋势，有1606条基因表达量呈现逐渐下降的趋势，有1150条基因表达量呈现出先不变后下降的趋势，有938条基因表达量呈现出先上升后下降的趋势。

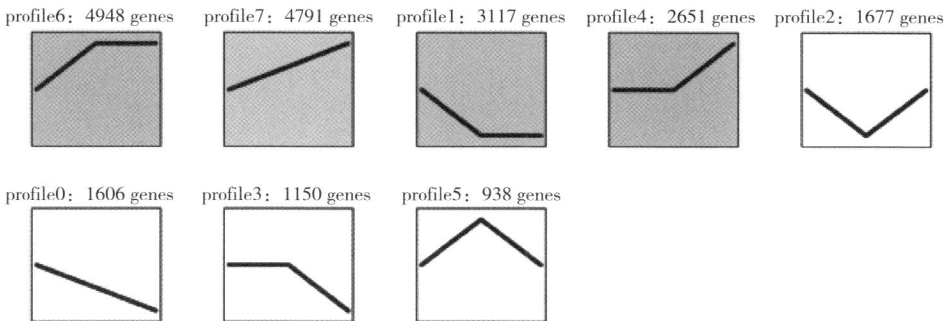

图3-24 不同生育期苜蓿差异基因的趋势分析图

3.3.4.2 与苜蓿营养品质相关的代谢通路和差异基因变化

（1）控制苜蓿脂肪酸合成的代谢通路和差异基因。通过对不同生育期苜蓿转录组KEGG代谢通路进行分析，共找到和苜蓿脂肪酸合成相关的代谢通路4条，分别是脂肪酸生物合成、脂肪酸代谢、不饱和脂肪酸的生物合成和脂肪酸降解。其中从现蕾期到初花期共有脂肪酸合成相关差异基因有66条，初花期到盛花期有72条，现蕾期到盛花期有157条（表3-42）。

表3–42　脂肪酸生物合成相关代谢通路

序号	代谢通路	差异基因			代谢通路ID
		现蕾期–VS–初花期（46）	初花期–VS–盛花期（72）	现蕾期–VS–盛花期（157）	
1	脂肪酸生物合成	9	8	21	ko00061
2	脂肪酸代谢	14	26	55	ko01212
3	不饱和脂肪酸的生物合成	8	20	36	ko01040
4	脂肪酸降解	15	18	45	ko00071

　　从这些差异基因中共找到8个可能影响苜蓿脂肪酸生物合成的相关基因（表3–43），分别是Unigene0011465（*FabG*）、Unigene0024980（*ACACA*）、Unigene0022172（*GPAT1*）、Unigene0077196（*FAS2*）、Unigene0048002（*FAD2*）、Unigene0050524（*FATB*）、Unigene0023008（*KAS1*）和Unigene0052628（*KCS11*）。随着生育期的推迟，*FabG*和*KCS11*基因的表达量呈现出先升高后降低的趋势，其变化趋势与不同生育期苜蓿的脂肪酸含量变化趋势一致，这2个基因可能是促进脂肪酸生物合成的相关基因；*GPAT1*基因呈现出先降低后升高的趋势，与苜蓿脂肪酸合成的趋势相反，这3个基因可能与脂肪酸代谢相关；*ACACA*、*FAS2*、*FAD2*和*KAS1*基因呈现出逐渐升高的趋势，*FATB*呈现出逐渐降低的趋势。将这12个苜蓿脂肪酸生物合成的候选基因用于后续验证。

表3–43　控制苜蓿脂肪酸生物合成关键基因

序列编号	现蕾期_rpkm	初花期_rpkm	盛花期_rpkm	预测功能
0011465	1.1291	3.956833333	2.2775	*FabG*
0024980	0	0	0.7452	*ACACA*
0022172	2.9597	0.543	1.0635	*GPAT1*
0077196	0.001	0.063333333	0.489566667	*FAS2*
0048002	0.0094	0.3072	2.7139	*FAD2*
0050524	56.28753333	40.01713333	26.44926667	*FATB*
0023008	3.8236	9.134233333	11.1616	*KAS1*
0052628	33.72433333	77.4458	61.356	*KCS11*

（2）控制苜蓿木质素合成的代谢通路和差异基因。通过对不同生育期苜蓿转录组KEGG代谢通路进行分析，结合木质素生物合成途径（图3-25）[137]，共找到和苜蓿木质素生物合成相关的基因有8条（表3-44），分别是Unigene0052180（*CCOAOMT1*）、Unigene0006916（*CCR1*）、Unigene0045287（*CAD6*）、Unigene0018693（*HCT*）、Unigene0068265（*PAL1*）、Unigene0056146（*COMT1*）、Unigene0057326（*4CL*）和Unigene0005210（*LAC11*）。随着生育期

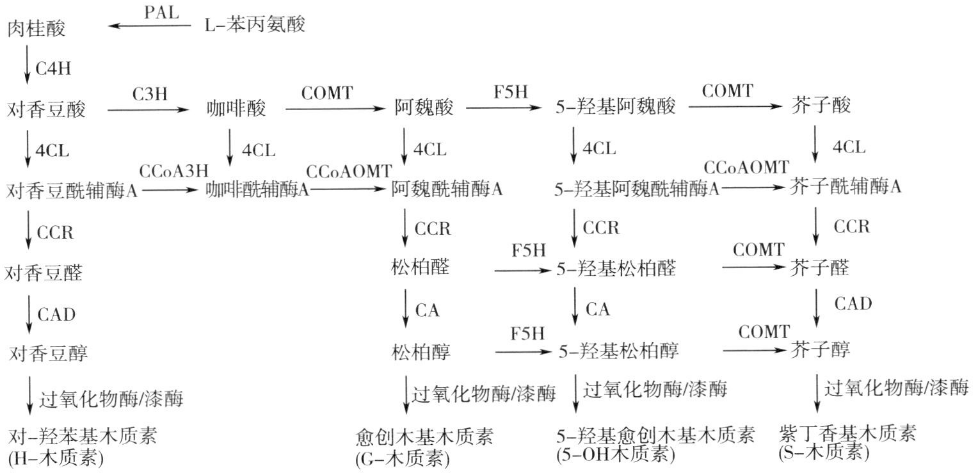

图3-25　木质素生物合成途径

表3-44　控制木质素生物合成关键基因

序列编号	现蕾期_rpkm	初花期_rpkm	盛花期_rpkm	预测功能
0052180	0.0696	1.391566667	12.65423333	*CCOAOMT1*
0006916	13.28933333	26.7823	37.1102	*CCR1*
0045287	19.0929	93.07053333	105.9032	*CAD6*
0018693	1.2712	1.310733333	1.7988	*HCT*
0068265	37.46656667	255.8187333	371.1107333	*PAL1*
0056146	62.61213333	102.1174667	162.7085	*COMT1*
0057326	7.157133333	46.2309	107.4342333	*4CL*
0005210	2.199166667	0.5127	0.2381	*LAC11*

的推迟，只有*LAC11*基因的表达量是逐渐降低的趋势，其变化趋势与木质素含量的变化趋势相反，而研究发现该基因具有促进愈创木基木质素合成的工作；其他7个基因的表达量呈现出逐渐增加的趋势，其变化趋势与木质素含量的变化趋势相同，这7个基因可能是促进木质素合成相关的基因。将这8个苜蓿木质素生物合成相关的候选基因用于后续验证。

（3）控制苜蓿碳水化合物合成的代谢通路和差异基因。试验共找到和苜蓿碳水化合物合成相关的代谢通路有7条，分别是淀粉和蔗糖代谢、糖酵解/糖异生、磷酸戊糖途径、果糖和甘露糖代谢、半乳糖代谢、光合生物中的碳固定和光合作用（表3-45）。其中从现蕾期到初花期共有碳水化合物合成相关差异基因有161条，初花期到盛花期有159条，现蕾期到盛花期有381条。

表3-45 碳水化合物生物合成相关代谢通路

序号	代谢通路	差异基因			代谢通路编号
		现蕾期-VS-初花期（161）	初花期-VS-盛花期（159）	现蕾期-VS-盛花期（381）	
1	淀粉和蔗糖代谢	44	27	75	ko00500
2	糖酵解/糖异生	32	56	103	ko00010
3	磷酸戊糖途径	8	22	47	ko00030
4	果糖和甘露糖代谢	14	11	38	ko00051
5	半乳糖代谢	23	14	37	ko00052
6	光合生物中的碳固定	23	28	62	ko00710
7	光合作用	17	1	19	ko00196

通过对以上代谢通路进行分析，共找到和苜蓿碳水化合物生物合成相关的基因有9条（表3-46），分别是Unigene0054063（*AGPS1*）、Unigene0047159（*AMY*）、Unigene0004046（*pgmA*）、Unigene0018007（*SBE3*）、Unigene0069197（*WAXY*）、Unigene0014457（*SS1*）、Unigene0064161（*ISA2*）、Unigene0071044（*SPS3*）和Unigene0023165（*SUS6*）。其中*AGPS1*、*AMY*、*pgmA*、*SBE3*、

WAXY、*SS1*和*ISA2*是与淀粉生物合成相关的基因，*SPS3*和*SUS6*基因是蔗糖（非结构性碳水化合物）合成相关的基因。将这9个苜蓿碳水化合物生物合成相关的候选基因用于后续验证。

表3-46　控制苜蓿碳水化合物生物合成关键基因

序列编号（Unigene）	现蕾期_rpkm	初花期_rpkm	盛花期_rpkm	预测功能
0054063	21.5633	8.915066667	10.48643333	*AGPS1*
0047159	9.851133333	21.099	69.1055	*AMY*
0004046	0.0266	0.204333333	1.163966667	*pgmA*
0018007	3.261	5.396233333	8.650566667	*SBE3*
0069197	51.90116667	26.68156667	16.351	*WAXY*
0014457	65.0439	40.11433333	31.8239	*SS1*
0064161	4.112566667	2.5041	2.044133333	*ISA2*
0071044	0.906966667	1.563033333	0.398566667	*SPS3*
0023165	5.912933333	1.168433333	1.642066667	*SUS6*

（4）控制苜蓿氨基酸合成的代谢通路和差异基因。共找到和苜蓿氨基酸合成相关的代谢通路有14条，其中从现蕾期到初花期共有氨基酸合成相关差异基因有182条，初花期到盛花期有262条，现蕾期到盛花期有586条（表3-47）。其中氨基酸的生物合成代谢通路的差异基因最多，其次是苯丙氨酸代谢以及甘氨酸，丝氨酸和苏氨酸的代谢、精氨酸和脯氨酸代谢。

表3-47　氨基酸生物合成相关代谢通路

序号	代谢通路	差异基因			代谢通路编号
		现蕾期-VS-初花期（182）	初花期-VS-盛花期（262）	现蕾期-VS-盛花期（586）	
1	氨基酸的生物合成	47	95	208	ko01230
2	缬氨酸，亮氨酸和异亮氨酸的生物合成	6	17	26	ko00290

续表

序号	代谢通路	差异基因			代谢通路编号
		现蕾期–VS–初花期（182）	初花期–VS–盛花期（262）	现蕾期–VS–盛花期（586）	
3	苯丙氨酸，酪氨酸和色氨酸的生物合成	8	5	34	ko00400
4	苯丙氨酸代谢	20	14	43	ko00360
5	缬氨酸，亮氨酸和异亮氨酸的降解	12	23	41	ko00280
6	色氨酸代谢	13	12	32	ko00380
7	赖氨酸的生物合成	5	—	8	ko00300
8	组氨酸代谢	6	7	14	ko00340
9	赖氨酸降解	8	11	25	ko00310
10	甘氨酸，丝氨酸和苏氨酸的代谢	15	21	45	ko00260
11	精氨酸生物合成	9	11	25	ko00220
12	β–丙氨酸代谢	11	11	24	ko00410
13	精氨酸和脯氨酸代谢	9	16	35	ko00330
14	氰氨基酸代谢	13	19	26	ko00460

通过对不同生育期苜蓿转录组KEGG代谢通路进行分析，共找到和苜蓿氨基酸生物合成相关的基因有10条（表3-48）。随着生育期的推迟，*metE*、*trpB2*、*arg12*、*glnA*、*serB*和*cysK*基因表达量呈现出逐渐升高的趋势，*BCAT2*和*TSB*呈现出先升高后降低，*PAH*呈现出逐渐降低的趋势，*ACY1*呈现出先降低后升高的趋势。而这些基因的互相变化，控制着不同氨基酸之间的转化。将这10个苜蓿氨基酸生物合成相关的候选基因用于后续验证。

表3-48　控制苜蓿氨基酸生物合成关键基因

序列编号	现蕾期_rpkm	初花期_rpkm	盛花期_rpkm	预测功能
0004227	0.021166667	0.0552	0.905066667	*metE*
0051053	0.993433333	22.60483333	3.943133333	*BCAT2*

序列编号	现蕾期_rpkm	初花期_rpkm	盛花期_rpkm	预测功能
0017581	1.142666667	3.160666667	5.942133333	*trpB2*
0047952	7.7991	81.6773	52.10423333	*TSB*
0029067	1.7269	0.001	0.001	*PAH*
0039347	0.001	0.024	1.0243	*arg12*
0048518	0.036266667	0.445833333	6.267433333	*glnA*
0070753	1.9044	0.368066667	0.5941	*ACY1*
0018790	0.787633333	3.257466667	3.902566667	*serB*
0051566	17.616	31.50576667	50.50973333	*cysK*

（5）控制苜蓿黄酮合成的代谢通路和差异基因。共找到和苜蓿黄酮合成相关的代谢通路有4条，分别是异黄酮的生物合成、黄酮生物合成、次生代谢产物的生物合成和代谢途径（表3-49）。其中从现蕾期到初花期共有黄酮合成相关差异基因有932条，初花期到盛花期有844条，现蕾期到盛花期有1986条。

表3-49 苜蓿黄酮生物合成相关代谢通路

序号	代谢通路	差异基因			代谢通路编号
		现蕾期-VS-初花期（932）	初花期-VS-盛花期（844）	现蕾期-VS-盛花期（1986）	
1	异黄酮的生物合成	9	10	14	ko00943
2	黄酮生物合成	28	15	32	ko00941
3	次生代谢产物的生物合成	362	314	746	ko01110
4	代谢途径	533	505	1194	ko01100

通过对以上代谢通路进行分析，共找到和苜蓿黄酮生物合成相关的基因有6条，分别是Unigene0054514（*CHS4*）、Unigene0042233（*CHI1*）、

Unigene0058205（*FLS*）、Unigene0016048（*ANS*）、Unigene0024728（*ANR1*）和Unigene0044444（*MYB4*）（表3-50）。随着生育期的推迟，*CHS4*、*CHI1*、*ANR1*和*MYB4*基因表达量呈现出逐渐升高的趋势，*FLS*呈现出先降低后升高的趋势，*ANS*呈现出先升高后降低的趋势，而这些基因的表达量的变化，导致不同生育期的苜蓿黄酮化合物的含量发生改变。将这6个苜蓿黄酮化合物生物合成相关的候选基因用于后续验证。

表3-50　控制苜蓿黄酮生物合成关键基因

序列编号	现蕾期_rpkm	初花期_rpkm	盛花期_rpkm	预测功能
0054514	1.710233333	45.65263333	68.24326667	*CHS4*
0042233	18.89033333	58.0276	155.0553	CHI1
0058205	14.22013333	2.713233333	3.508433333	*FLS*
0016048	1.218966667	18.6081	9.613933333	*ANS*
0024728	0.130366667	0.189633333	0.911266667	*ANR1*
0044444	0.177633333	1.045566667	5.834266667	*MYB4*

3.3.4.3　与苜蓿营养品质相关基因的 qRT-PCR 验证

（1）与苜蓿脂肪酸合成相关基因验证。为了验证转录组数据的可靠性，采用qRT-PCR技术对前面筛选的8个和苜蓿脂肪酸生物合成相关基因在3个生育期间的表达量进行验证，其验证结果如图3-26所示。随着生育期的推迟，*FabG*和*KCS11*基因的表达量呈现出先升高后降低的趋势，在初花期表达量达到顶峰，且不同生育期间表达量差异显著（$P<0.05$），其变化趋势与不同生育期苜蓿的脂肪酸总含量的变化趋势一致，这是由于*FabG*和*KCS11*基因具有促进脂肪酸合成的功能，*KCS11*具有在内质网上催化C 16:0-ACP向C 18:0-ACP转化的作用[138]。*GPAT1*基因表达量呈现出先降低后升高的趋势，在初花期表达量达到最低，其初花期表达量显著低于现蕾期和盛花期（$P<0.05$），该酶主要促进长链脂肪酸的合成。*ACACA*、*FAS2*、*FAD2*和*KAS1*基因呈现出逐渐升高的趋势，且不同生育期间的表达量差异显著（$P<0.05$）；其中乙酰-CoA羧化酶（*ACACA*）和*FAS2*是脂肪酸生物合成的关键限速酶[139, 140]，其表达量逐渐升高，说明苜蓿

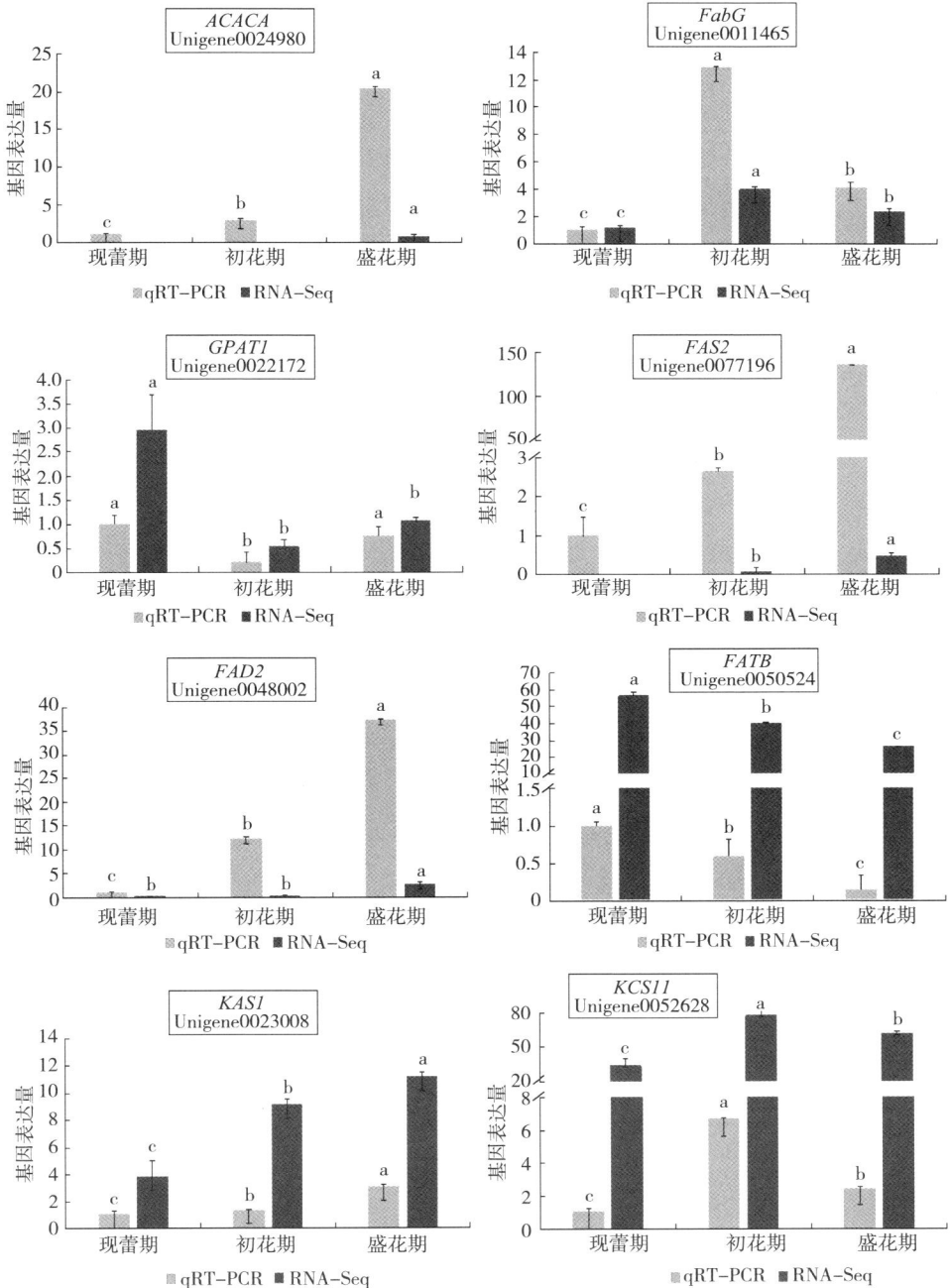

图3-26 8个苜蓿脂肪酸合成候选基因的qRT-PCR分析

在整个生育期都在合成脂肪酸；*FAD2*促进不饱和脂肪酸的合成[141]；*KAS1*是促进C16:0碳链延伸的关键基因[142]。而*FATB*呈现出逐渐降低的趋势，现蕾期的表达量>初花期>盛花期（$P<0.05$）；*FATB*具有催化C16:0合成的功能。这8个基因表达模式的qRT-PCR分析结果与转录组数据中的差异表达数据基本一致。初步将这8个基因（酶）确定为苜蓿脂肪酸合成、代谢和转化相关的基因（酶）。

（2）与苜蓿木质素合成相关基因验证。为了验证转录组数据的可靠性，采用qRT-PCR技术对前面筛选的8个和苜蓿木质素生物合成相关基因在3个生育期间的表达量进行验证，其验证结果如图3-27所示。随着生育期的推迟，*LAC11*基因的表达量是逐渐降低的趋势，现蕾期的表达量>初花期>盛花期（$P<0.05$），其变化趋势与苜蓿不同生育期的木质素含量的变化趋势相反，研究发现，*LAC11*基因促进植物的愈创木基木质素合成[143]，说明随着生育期的推迟，苜蓿的愈创木基木质素含量逐渐降低；*CCOAOMT1*、*CCR1*、*CAD6*、*HCT*、*PAL1*、*COMT1*和*4CL*基因的表达量呈现出逐渐增加的趋势，现蕾期的表达量<初花期<盛花期（$P<0.05$），其变化趋势与木质素含量的变化趋势相同，这是由于这7个基因具有促进木质素合成的功能[137]。这8个基因表达模式的qRT-PCR分析结果与转录组数据中的差异表达数据基本一致。初步将这8个基因确定为苜蓿木质素生物合成相关的基因。

（3）与苜蓿碳水化合物合成相关基因验证。为了验证转录组数据的可靠性，采用qRT-PCR技术对前面筛选的9个和苜蓿碳水化合物合成相关基因在3个生育期间的表达量进行验证，其中2个基因为蔗糖合成相关的基因，另外7个基因为淀粉合成相关的基因。由图3-28可以看出，随着生育期的推迟，其中*AGPS1*表达量呈现出先降低后升高的趋势，现蕾期表达量>盛花期>初花期（$P<0.05$）；*AGPS1*酶是淀粉生物合成过程的关键调节酶[144]。*AMY*、*pgmA*和*SBE3*的表达量呈现出逐渐升高的趋势，现蕾期的表达量<初花期<盛花期（$P<0.05$）；而*AMY*酶具有水解淀粉的功能[145]，这是随着生育期的推迟，其苜蓿淀粉含量逐渐降低的最主要原因；*pgmA*是淀粉合成第一步的关键基因[146]，其表达量逐渐升高，说明苜蓿在整个生育期都在合成淀粉用于能量的供应；支链淀粉中a-1,6-糖苷键的引入主要是由淀粉分支酶*SBE3*完成[147]，随着生育期的推迟，其表达量逐渐升高，说明苜蓿的支链淀粉含量逐渐增多。

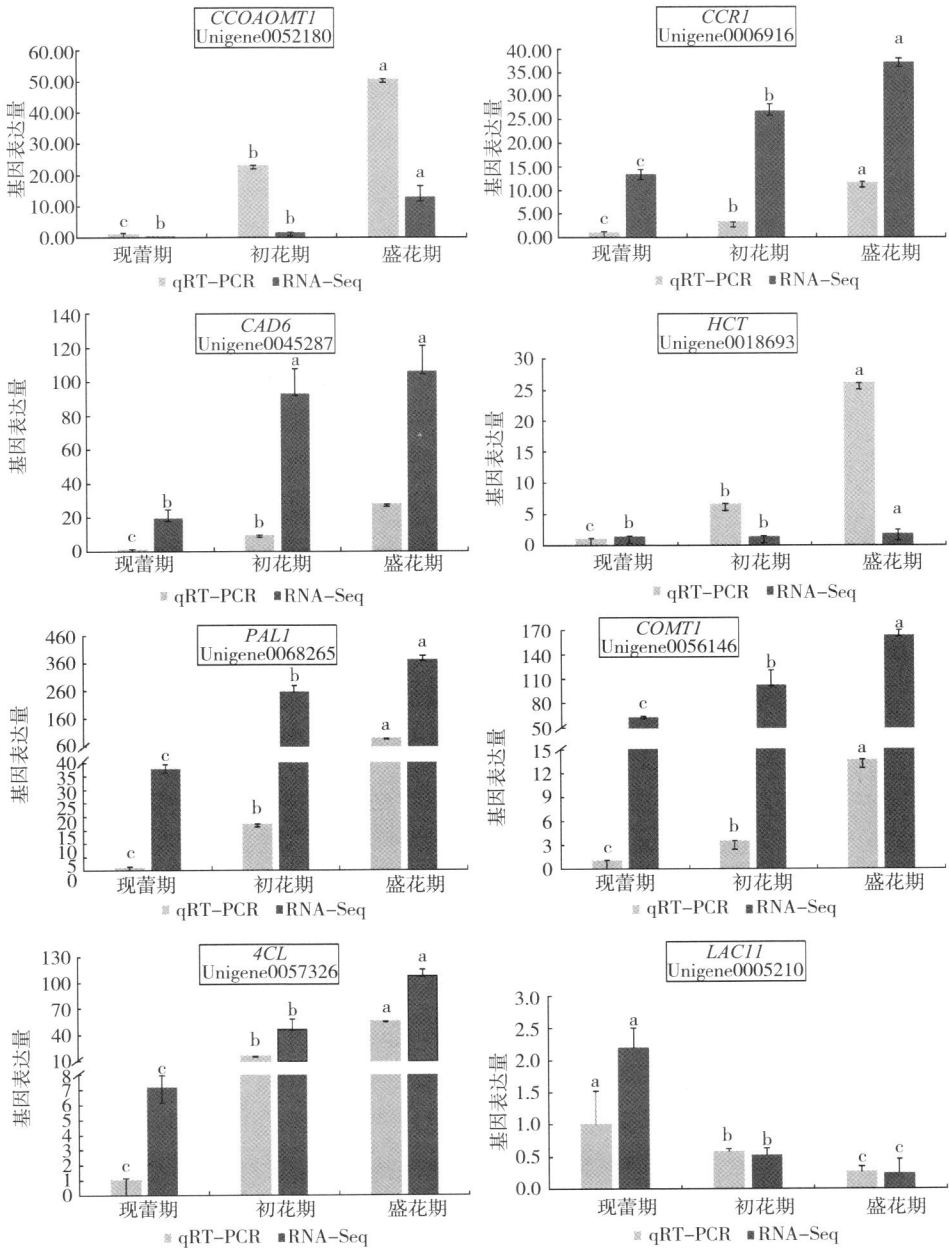

图3-27 8个苜蓿木质素合成候选基因的qRT-PCR分析

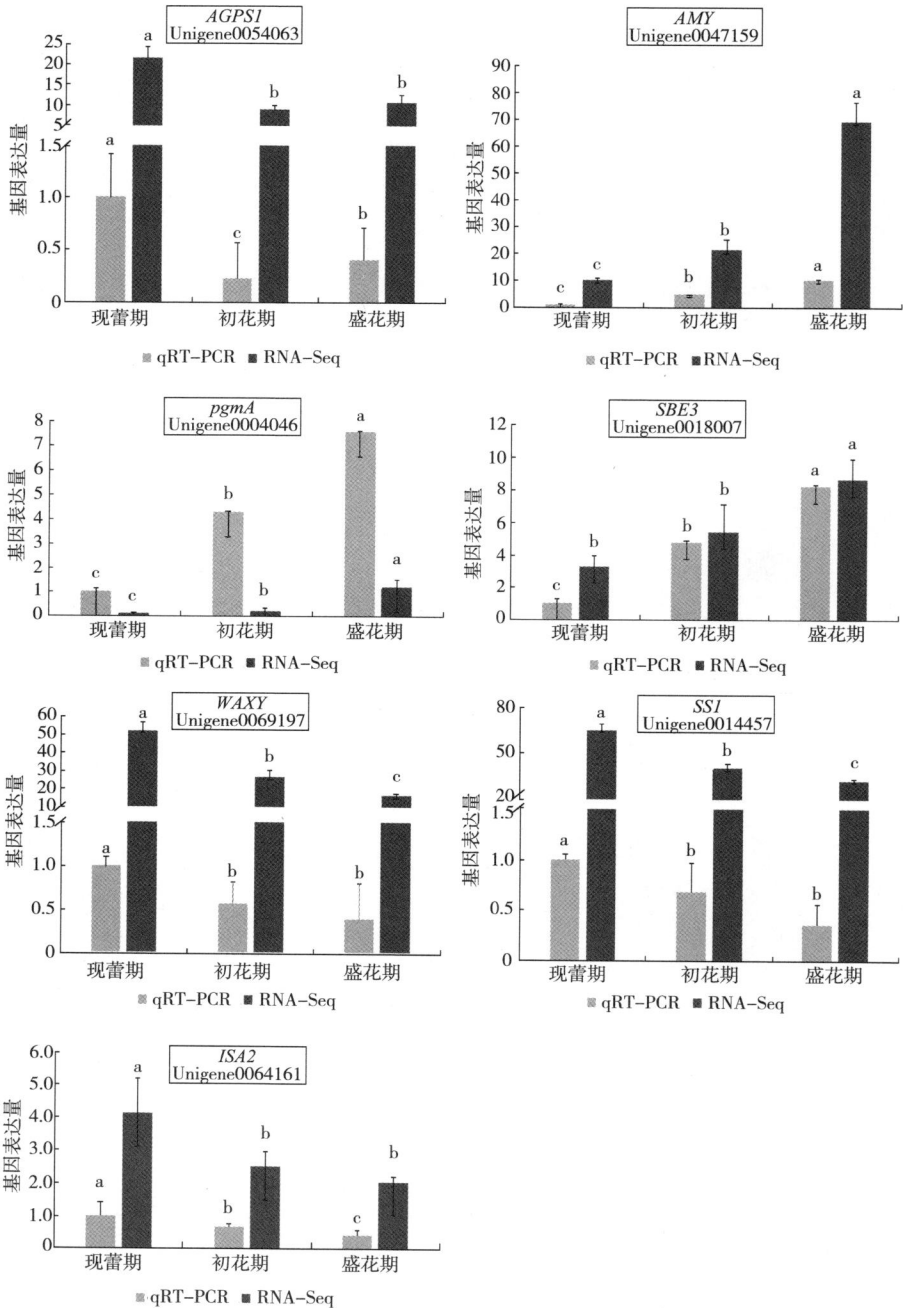

图3-28　7个苜蓿淀粉合成候选基因的qRT-PCR分析

WAXY、*SS1*和*ISA2*的表达量逐渐降低，现蕾期的表达量显著高于初花期和盛花期（*P*<0.05）；*SS1*的表达量趋势与淀粉含量变化趋势一致，这是由于*SS1*为淀粉合成酶，具有促进淀粉合成的功能[148]，其表达量降低是导致淀粉含量降低的主要原因；*ISA2*为淀粉去分支酶，*ISA2*是主要淀粉合成的决定因素，其表达量的降低也导致了苜蓿淀粉含量的下降[149]；而*WAXY*具有促进直链淀粉糖链的延伸功能，随着生育期的推迟，其表达量的降低，可能引起苜蓿长链淀粉含量的下降[146]。由图3-29可以看出，随着生育期的推迟，*SPS3*酶的表达量具有降低的趋势，盛花期的表达量显著低于现蕾期和初花期（*P*<0.05），*SPS3*酶为蔗糖合成的限速酶，提高*SPS3*酶的活性可以增加非结构性碳水化合物含量[150]。*SUS6*酶的表达量具有先降低后升高的趋势，现蕾期的表达量<盛花期<初花期（*P*<0.05），*SUS6*酶既可以催化蔗糖的合成，又可以催化蔗糖的分解[151]。随着生育期推迟，*SPS3*和*SUS6*酶表达量的变化是导致苜蓿非结构性碳水化合物含量逐渐降低的主要原因。这9个基因表达模式的qRT-PCR分析结果与转录组数据中的差异表达数据基本一致。初步将这9个基因确定为苜蓿碳水化合物生物合成相关的基因。

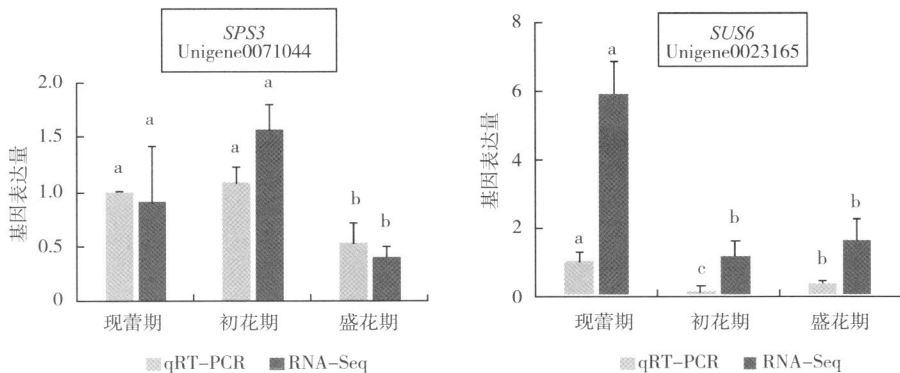

图3-29 2个苜蓿蔗糖合成候选基因的qRT-PCR分析

（4）与苜蓿氨基酸合成相关基因验证。为了验证转录组数据的可靠性，采用qRT-PCR技术对前面筛选的10个和苜蓿氨基酸合成相关基因在3个生育期间的表达量进行验证，其验证结果如图3-30所示。随着生育期的推迟，*metE*、*trpB2*、*arg12*、*glnA*、*serB*和*cysK*基因表达量呈现出逐渐升高的趋势，

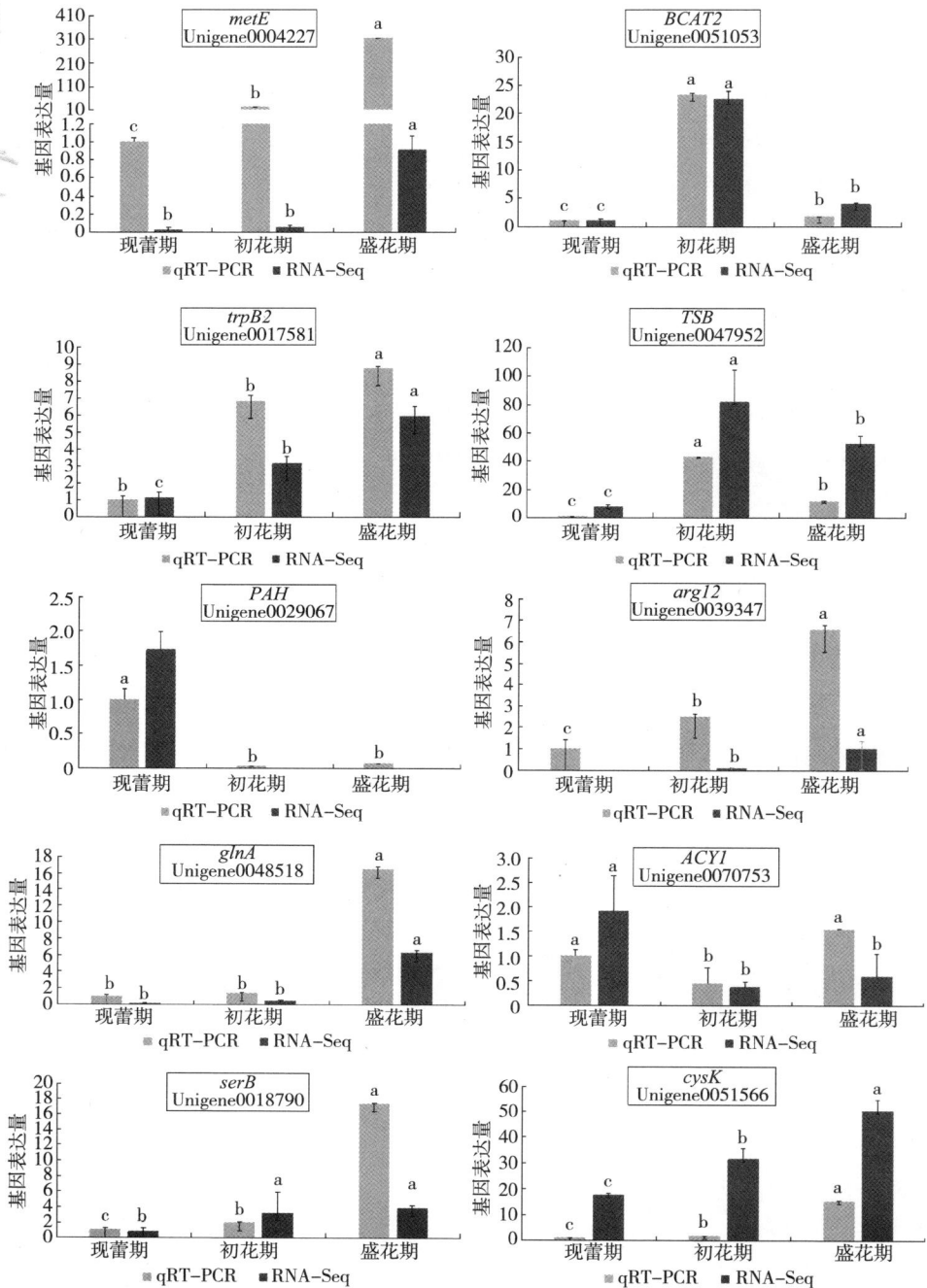

图3-30　10个苜蓿氨基酸合成候选基因的qRT-PCR分析

盛花期的表达量显著高于现蕾期和初花期；*metE*促进蛋氨酸的生物合成[152]，其表达量变化趋势与苜蓿的蛋氨酸含量变化趋势相反，这说明随着生育期的推迟，苜蓿蛋氨酸的合成速度小于其转化的速度；*trpB2*和*TSB*具有促进色氨酸的合成的功能，说明苜蓿植株内是有色氨酸存在的；*arg12*是催化精氨酸合成最后一步反应，促进瓜氨酸向精氨酸转化[153]，随着生育期的推迟，其表达量逐渐升高，而苜蓿叶片的精氨酸含量逐渐降低，说明苜蓿精氨酸的合成速度小于其转化的速度；*glnA*基因促进谷氨酸向谷氨酰胺转化[154]，其表达量的上升导致谷氨酸的含量下降，这是随着生育期的推迟，其苜蓿谷氨酸含量下降的主要原因；随着生育期的推迟其*serB*和*cysK*表达量逐渐升高，而*serB*促进磷酸丝氨酸向丝氨酸转化，*cysK*促进丝氨酸向半胱氨酸转化[155, 156]，二者的转化速度相当，从而导致苜蓿叶片在整个生育期的丝氨酸和半胱氨酸含量变化差异不大。随着生育期推迟，*BCAT2*和*TSB*表达量呈现出先升高后降低的趋势，初花期表达量达到最高，初花期表达量>盛花期>现蕾期；其中*BCAT2*促进支链氨基酸（亮氨酸、异亮氨酸和缬氨酸）的分解代谢[157]，说明亮氨酸、异亮氨酸和缬氨酸一直在分解，从而导致其含量逐渐降低，这与本研究大田试验结果一致。随着生育期的推迟，其*PAH*表达量呈现出逐渐降低的趋势，而*PAH*促进苯丙氨酸向酪氨酸转化，这是导致随着生育期推迟，其苜蓿的苯丙氨酸含量逐渐降低的主要原因。随着生育期推迟，*ACY1*表达量呈现出先降低后升高的趋势，而*ACY1*促进L−氨基酸合成[158]。这10个基因表达模式的qRT−PCR分析结果与转录组数据中的差异表达数据基本一致。初步将这10个基因确定为苜蓿氨基酸合成、转化相关的基因。

（5）与苜蓿黄酮化合物合成相关基因验证。为了验证转录组数据的可靠性，采用qRT−PCR技术对前面筛选的6个和苜蓿黄酮化合物合成相关基因在3个生育期间的表达量进行验证，其验证结果如图3−31所示。随着生育期的推迟，*CHS4*、*CHI1*和*MYB4*基因表达量呈现出逐渐升高的趋势，其盛花期的表达量>初花期>现蕾期；其中*CHS4*促进黄酮合成的第一步关键反应，*CHI1*促进黄酮生物合成，且*MYB4*调控黄酮合成[46]，说明苜蓿在整个生育期的黄酮合成是逐渐增加的，而随着生育期推迟，其苜蓿黄酮含量呈现出先降低后升高的趋势，这说明苜蓿在初花期的黄酮转化速度高于盛花期和现蕾期，从而导致初花期的黄酮含量降低。随着生育期的推迟其*FLS*表达量呈现

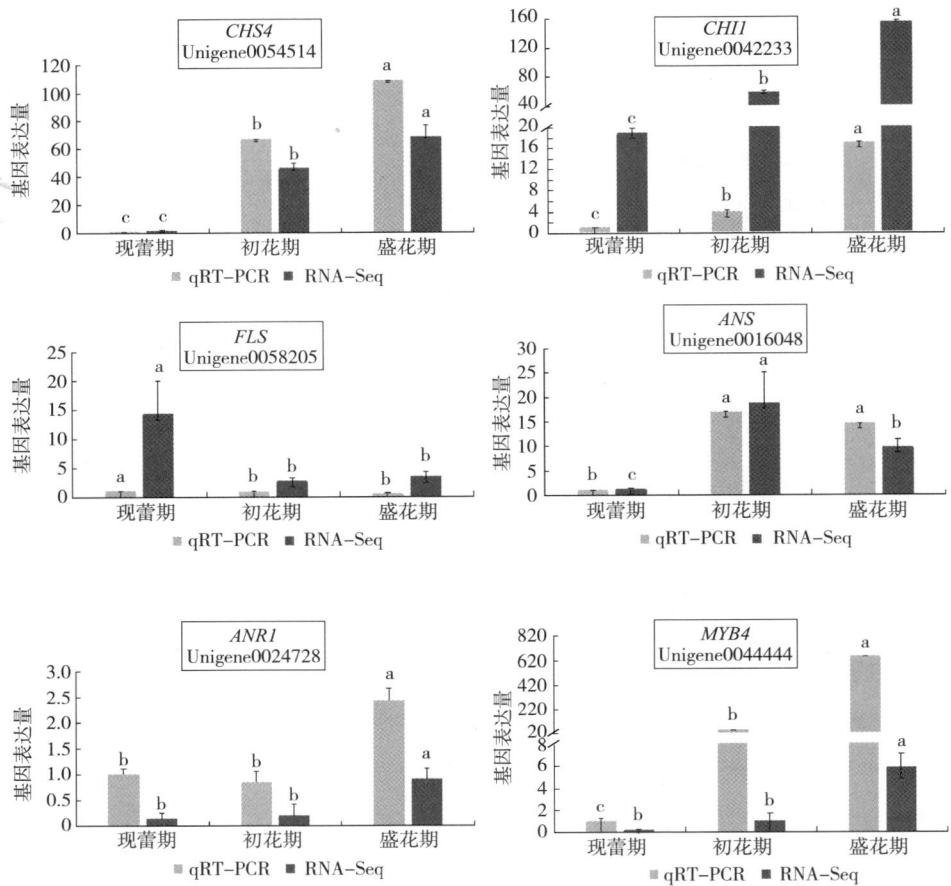

图3-31　6个苜蓿黄酮生物合成候选基因的qRT-PCR分析

出先降低后升高的趋势，其变化趋势与苜蓿的黄酮含量变化趋势一致，这是由于FLS促进黄酮醇合成[129]，而黄酮醇是黄酮化合物的一种。ANS和ANR1是参与单宁合成的关键酶[159]，其表达量的变化导致苜蓿植株内的单宁含量的变化。这6个基因表达模式的qRT-PCR分析结果与转录组数据中的差异表达数据基本一致。初步将这6个基因确定为苜蓿黄酮和单宁合成、转化相关的基因。

3.4 苜蓿干草品质对环境因子的响应机制研究

3.4.1 苜蓿在干燥过程中的主要环境因子变化

为了研究不同环境因子对苜蓿干燥速率的影响，在试验地采用人工气象站对苜蓿晾晒期间的主要环境因子进行监测，通过经验公式计算得到大气水势，详见附表3和图3-32。

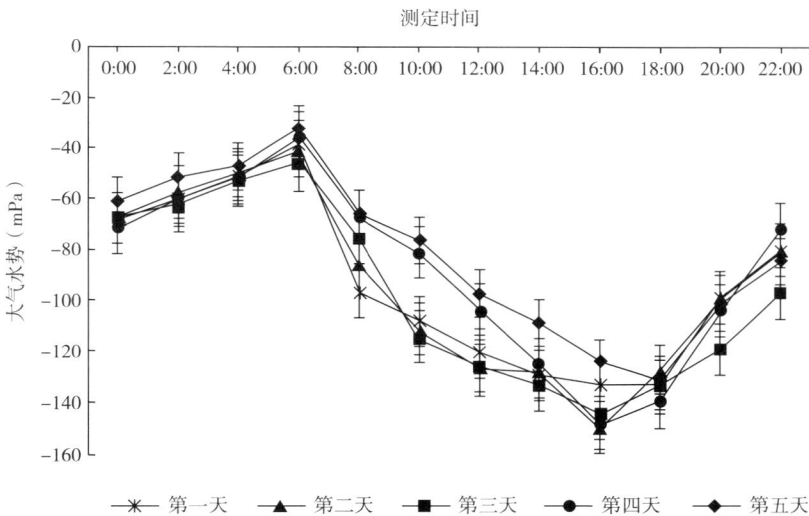

图3-32 苜蓿干燥过程中大气水势昼夜变化曲线

可以看出，苜蓿干燥过程中的天气状况良好，均为晴天。对于风速来说，整体上看在午后的风速较大，而夜间风速较小。土壤温度和气温的变化趋势一致，在夜间土壤温度和气温较低，而白天温度较高，其中气温在凌晨4点左右达到最低，在白天10:00到18:00的温度较高。空气湿度与温度变化趋势相反，在夜间的湿度较大，白天的空气湿度较低，下午空气湿度最低。水气压与温度变化趋势一致，白天的水气压较高，夜间的水气压较低，而大气压的昼夜变化不大。太阳辐射强度在6:00~18:00为正值，而10:00~16:00的太阳辐射较强，在中午12点出现最大值。大气水势在夜间较高，白天较低，一般在早上6:00达到最大值，在下午16:00点左右达到最低值。在试验期间主要环境因子的平均值为：风速 11.29 km/h、土壤温度 25.16 ℃、空气温度 24.39 ℃、空气相对湿度 53.16%、水汽压 1.41 kPa、大气压 892.73 mbar、太阳辐射强度 201.87 W/m²、大气水势−91.03 mPa。由以上环境因子变化趋势可以看出，在 10:00~18:00 的太阳辐射强烈，气温和土壤温度较高，风速较大，而空气湿度和大气水势较低，是苜蓿干燥的最佳时间。

3.4.2 苜蓿在干燥过程中的水分和干燥速率变化研究

3.4.2.1 苜蓿干燥过程中不同植株部位的含水量和干燥速率的变化规律

本试验在上午 8:00 开始进行，苜蓿干燥过程中的不同植株部位的含水量和干燥速率变化如图 3-33、图 3-34 所示，随着晾晒时间的延长，苜蓿含水量呈现出逐渐降低趋势，在晾晒的 0~12 h 的含水量下降较快，在晾晒 12 h 以后含水量下降变缓。而干燥速率在晾晒的 0~12 h 的干燥速率整体较高，呈现出先升高后降低的趋势，在中午 12:00 达到最高值；而在晾晒 12h 以后干燥速率呈现出逐渐降低的趋势。从图中还可以看出，苜蓿干燥过程中的整株、茎秆和叶片的含水量和干燥速率不一致，植株含水量变化趋势为：茎秆>整株>叶片，而干燥速率的变化趋势为：茎秆<整株<叶片。

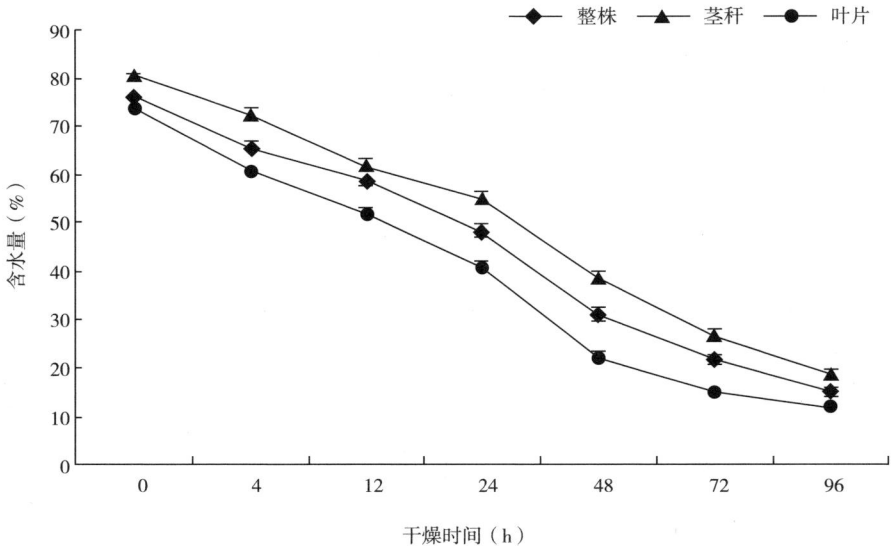

图 3-33 苜蓿不同植株部位干燥过程中的含水量变化

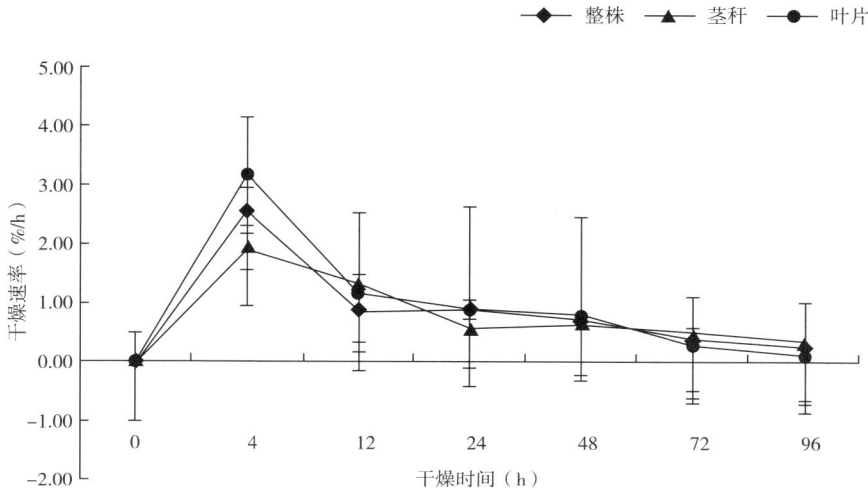

图3-34 苜蓿不同植株部位干燥过程中的干燥速率变化

3.4.2.2 苜蓿干燥过程中不同植株部位的干燥速率与环境因子之间的相关性分析

苜蓿干燥过程中，环境因子是影响其干燥速率的最主要因素之一，因此试验将主要环境因子（风速、土壤温度、气温、空气相对湿度、水汽压、大气压、太阳辐射强度和大气水势）与苜蓿整株、茎秆和叶片的干燥速率做了相关性分析，进一步找出影响苜蓿干燥速率的主要环境因子，其相关系数如表3-51所示。苜蓿不同植株部位与各环境因子的相关性大小不一致，就苜蓿整株干燥速率而言，其干燥速率大小与风速、水汽压和大气压呈正相关，但相关性不显著；与土壤温度和气温有显著正相关关系，与太阳辐射强度有极显著正相关性；与空气相对湿度和大气水势具有显著的负相关关系。对于苜蓿茎秆干燥速率，其干燥速率大小与风速、水汽压和大气压呈正相关，但相关性不显著；与土壤温度具有极显著正相关性，与气温和太阳辐射强度有显著正相关关系；与空气相对湿度和大气水势具有显著的负相关关系。对于苜蓿叶片干燥速率来说，其干燥速率大小与风速、水汽压和大气压呈正相关，但相关性不显著；与土壤温度和气温有显著正相关关系，与太阳辐射强度有极显著正相关性；与空气相对湿度具有显著负相关性，与大气水势有极显著负相关性。整体分析来看，影响苜蓿干燥速率的大小顺序为：大气水势>太阳辐射强度>土壤温度>气温>空气相对湿度>水汽压>大气压>风速。结果表明：环境因子对苜蓿干燥速率影响较大，其影响干燥速率的最主要环境因子为大气水势、太阳辐射强度、土壤温度、气温和空气相对湿度。

表3-51 苜蓿干燥速率与不同环境因子的相关性

参数/指标	整株干燥速率（%）	茎秆干燥速率（%）	叶片干燥速率（%）
风速（km/h）	0.18	0.135	0.115
土壤温度（℃）	0.786*	0.911**	0.838*
气温（℃）	0.764*	0.784*	0.728*
空气相对湿度（%）	−0.705*	−0.712*	−0.736*
水汽压（kPa）	0.613	0.592	0.549
大气压（mbar）	0.552	0.647	0.622
太阳辐射强度（W/m^2）	0.898**	0.720*	0.877**
大气水势（mPa）	−0.871*	−0.809*	−0.906**

注："*"表示相关性显著（$P < 0.05$），"**"表示相关性极显著（$P < 0.01$）。

3.4.3 苜蓿在干燥过程中的主要营养指标变化

3.4.3.1 苜蓿在干燥过程中的蛋白质指标变化

通过对不同晾晒时间点苜蓿取样，研究苜蓿晾晒过程中各营养指标的损失情况，不同晾晒时间点的蛋白质指标变化如表3-52所示。随着晾晒时间的延长，其各蛋白质指标含量呈现出逐渐降低的趋势（酸性洗涤不溶蛋白除外）。在晾晒的0~12 h，各蛋白质指标下降速度较快；在12 h以后，其各指标的下降速度减缓。当苜蓿晾晒96 h后，苜蓿含水量降至15%以下，其各蛋白质指标在不同晾晒时间点均有不同程度的变化，在干燥96 h后与干燥前相比，差异显著（酸性洗涤不溶蛋白除外）。其粗蛋白含量由22.77%降至16.40%，降低了27.98%；可溶性蛋白含量由6.23%降至4.53%，降低了27.29%；中性洗涤不溶蛋白含量由5.07%降至1.55%，降低了69.43%；瘤胃降解蛋白含量由14.80%降至11.27%，降低了23.85%。

表3-52　苜蓿在自然干燥过程中的蛋白质指标变化情况（%DM）

干燥时间（h）	蛋白质指标				
	粗蛋白	可溶性蛋白	酸性洗涤不溶蛋白	中性洗涤不溶蛋白	瘤胃降解蛋白
0	22.77 ± 0.91a	6.23 ± 0.25b	1.47 ± 0.11abc	5.07 ± 0.18a	14.80 ± 0.10b
4	21.40 ± 0.46b	7.13 ± 0.15a	1.65 ± 0.15a	3.81 ± 0.69b	15.53 ± 0.15a
12	20.20 ± 0.66c	5.70 ± 0.10c	1.30 ± 0.12c	3.22 ± 0.49b	13.63 ± 0.21c
24	19.83 ± 0.68cd	5.37 ± 0.25d	1.40 ± 0.13bc	2.09 ± 0.61c	13.53 ± 0.15cd
48	18.97 ± 0.64de	5.07 ± 0.06d	1.40 ± 0.12bc	1.49 ± 0.05c	13.70 ± 0.10c
72	18.17 ± 0.40e	5.27 ± 0.15d	1.36 ± 0.14bc	1.86 ± 0.12c	13.30 ± 0.10d
96	16.40 ± 0.10f	4.53 ± 0.21e	1.57 ± 0.16ab	1.55 ± 0.05c	11.27 ± 0.25e

　　整体分析发现，随着晾晒时间延长，各蛋白质指标含量呈现出不同程度的降低，当苜蓿达到安全含水量时，各蛋白质指标损失了23.85%~69.43%。在晾晒得0~12小时，其蛋白质指标下降速度较快；在12~96小时，其蛋白质指标下降速度减缓。造成这种现象的原因有3点：一是由于在晾晒的前12 h属于苜蓿干燥前期，此时的植株细胞还未完全失活，会进行一定的生命活动，其呼吸作用会消耗一部分的蛋白质，还有酶的分解作用，从而导致该时间段的蛋白质损失较快；二是在晾晒的0~12小时，即8:00~20:00，此时间段的太阳辐射强烈，而阳光的漂白作用也会造成蛋白质的损失；三是在晾晒12~96小时导致蛋白质损失，主要是由于机械作业导致的叶片脱落以及夜间露水的淋溶作用，该部分损失速度较慢，但是随着晾晒时间的延长，使该部分损失逐渐加大。因此，苜蓿晾晒时间的长短对苜蓿蛋白质的影响很大，应该采取一定措施，尽可能缩短苜蓿的晾晒时间，以减少苜蓿蛋白质的损失。

3.4.3.2　苜蓿在干燥过程中的纤维指标变化

　　通过对不同晾晒时间点苜蓿取样，测定其纤维指标的变化，研究苜蓿晾晒过程中纤维指标的变化情况，不同晾晒时间点的纤维指标变化如表3-53所示。随着晾晒时间的延长，其各纤维指标含量呈现出逐渐升高的趋势。当苜蓿晾晒96 h后，其各纤维指标在不同晾晒时间点均有不同程度的变化，且不同晾晒时间点的各纤维指标含量差异显著。纤维物质是首蓿干草的抗营养物质，随着纤维指标含量的上升，其营养品质逐渐降低。在干燥96 h后与干燥前相比，其酸性洗涤纤维含量由35.27%升高至49.67%，升高了40.83%；中性洗涤纤维含量由48.23%升高至60.87%，升高了26.21；木质素含量由5.16%升高至8.35%，升高了61.82%。

表3–53　首蓿在自然干燥过程中的纤维指标变化情况（%DM）

干燥时间（h）	纤维指标		
	酸性洗涤纤维	中性洗涤纤维	木质素
0	35.27 ± 0.35g	48.23 ± 0.32g	5.16 ± 0.11e
4	40.60 ± 0.50f	51.43 ± 0.35f	5.54 ± 0.04d
12	42.20 ± 0.30e	52.37 ± 0.45e	5.47 ± 0.23d
24	44.13 ± 0.81d	54.13 ± 0.21d	5.90 ± 0.05c
48	46.30 ± 0.61c	56.43 ± 0.50c	6.17 ± 0.02b
72	47.67 ± 0.06b	58.43 ± 0.51b	6.43 ± 0.14b
96	49.67 ± 0.15a	60.87 ± 0.81a	8.35 ± 0.29a

整体分析来看，随着晾晒时间的延长，首蓿纤维指标呈现出逐渐升高的趋势，在首蓿干草达到安全含水量时与干燥前相比，其纤维指标升高了26.21%~61.82%。导致首蓿纤维含量逐渐升高的主要原因是由于首蓿晾晒过程中的机械作业导致大量的叶片脱落，使得首蓿茎叶比增加，从而使其纤维指标含量上升，导致首蓿营养品质逐渐降低。

3.4.3.3　首蓿在干燥过程中的碳水化合物指标变化

通过对不同晾晒时间点首蓿取样，测定其碳水化合物指标的变化，研究首蓿晾晒过程中碳水化合物指标的变化情况，不同晾晒时间点的碳水化合物指标变化如表3–54所示。随着晾晒时间的延长，其各碳水化合物指标含量呈现出逐渐降低的趋势。当首蓿晾晒96 h后，其各碳水化合物指标在不同晾晒时间点均有不同程度的变化，与干燥前相比，其各碳水化合物指标含量差异显著。在干燥96 h后与干燥前相比，非纤维碳水化合物含量由23.60%降至15.97%，降低了32.33%；非结构碳水化合物含量由6.50%降至4.13%，降低了36.46%；醇溶性碳水化合物含量由5.20%降至2.67%，降低了48.65%；淀粉含量由3.17%降至0.97%，降低了69.40%。

表3-54　苜蓿在自然干燥过程中的碳水化合物指标变化情况（%DM）

干燥时间	碳水化合物指标			
（h）	非纤维碳水化合物	非结构性碳水化合物	醇溶性碳水化合物	淀粉
0	23.60 ± 0.26b	6.50 ± 0.10b	5.20 ± 0.26a	3.17 ± 0.29a
4	27.43 ± 0.15a	7.00 ± 0.10a	4.90 ± 0.10a	2.33 ± 0.15b
12	22.63 ± 0.15c	6.23 ± 0.15c	4.47 ± 0.15b	2.23 ± 0.21b
24	20.77 ± 0.25d	5.60 ± 0.20d	4.10 ± 0.10c	1.87 ± 0.06c
48	19.40 ± 0.26e	5.10 ± 0.10e	3.73 ± 0.21d	1.70 ± 0.10cd
72	18.27 ± 0.25f	4.77 ± 0.15f	3.40 ± 0.26e	1.53 ± 0.06d
96	15.97 ± 0.21g	4.13 ± 0.12g	2.67 ± 0.15f	0.97 ± 0.15e

整体分析来看，随着晾晒时间的延长，苜蓿碳水化合物指标呈现出逐渐降低的趋势，在苜蓿干草达到安全含水量时与干燥前相比，其碳水化合物指标降低了32.33%~69.40%。

3.4.3.4　苜蓿在干燥过程中的脂肪指标变化

通过对不同晾晒时间点苜蓿取样，测定其脂肪指标的变化，不同晾晒时间点的脂肪指标变化如表3-55所示。随着晾晒时间的延长，其总脂肪酸和粗脂肪含量呈现出逐渐降低的趋势，不同晾晒时间点的总脂肪酸和粗脂肪变化差异显著。在干燥96 h后与干燥前相比，其总脂肪酸含量由3.14%降至1.32%，降低了57.96%；粗脂肪含量由3.98%降至2.46%，降低了38.19%。整体分析来看，随着晾晒时间的延长，苜蓿脂肪指标呈现出逐渐降低的趋势，在苜蓿干草达到安全含水量时与干燥前相比，其脂肪指标降低了38.19%~57.96%。

表3-55 苜蓿在自然干燥过程中的脂肪指标变化情况（%DM）

干燥时间（h）	脂肪指标	
	总脂肪酸	粗脂肪
0	3.14 ± 0.05a	3.98 ± 0.08a
4	3.24 ± 0.06b	4.49 ± 0.01b
12	2.33 ± 0.04c	3.14 ± 0.04d
24	1.93 ± 0.04d	3.82 ± 0.04c
48	1.76 ± 0.05e	3.14 ± 0.13d
72	1.84 ± 0.05e	2.87 ± 0.05e
96	1.32 ± 0.05f	2.46 ± 0.03f

3.4.3.5 苜蓿在干燥过程中的能量指标变化

不同晾晒时间点的能量指标变化如表3-56所示。随着晾晒时间的延长，其不同能量指标含量呈现出逐渐降低的趋势。在干燥96 h后与干燥前相比，不同能量指标含量差异显著。代谢能含量由2.25%降至1.47%，降低了34.67%；泌乳净能由1.56%降至1.08%，降低了30.77%；维持净能由1.53%降至1.03%，降低了32.68%；增重净能由0.64%降至0.35%，降低了45.31%。整体分析来看，随着晾晒时间的延长，苜蓿能量指标呈现出逐渐降低的趋势，在苜蓿干草达到安全含水量时与干燥前相比，其能量指标降低了30.77%~45.31%。

表3-56 苜蓿在自然干燥过程中的能量指标变化情况（Mcal/kg）

干燥时间（h）	能量指标			
	代谢能	泌乳净能	维持净能	增重净能
0	2.25 ± 0.08a	1.56 ± 0.03a	1.53 ± 0.03a	0.64 ± 0.01a
4	2.03 ± 0.06b	1.49 ± 0.01b	1.47 ± 0.02b	0.59 ± 0.02b
12	1.98 ± 0.10b	1.45 ± 0.04c	1.42 ± 0.02c	0.55 ± 0.02c
24	1.75 ± 0.12c	1.41 ± 0.02c	1.39 ± 0.01c	0.48 ± 0.02d
48	1.59 ± 0.06d	1.44 ± 0.01c	1.21 ± 0.02d	0.43 ± 0.02e
72	1.48 ± 0.05e	1.26 ± 0.02d	1.11 ± 0.02e	0.39 ± 0.01f
96	1.47 ± 0.06e	1.08 ± 0.03e	1.03 ± 0.03f	0.35 ± 0.02g

3.4.3.6 苜蓿在干燥过程中的矿物质和灰分指标变化

不同晾晒时间点的矿物质和灰分指标变化如表3–57所示。随着晾晒时间的延长，其不同矿物质指标含量呈现出逐渐降低的趋势，而灰分含量呈现出逐渐升高的趋势。在干燥96 h后与干燥前相比，不同矿物质和灰分指标含量差异显著（$P<0.05$）。灰分含量由8.97%升高至12.03%，升高了34.11%；钙由1.40%降至0.84%，降低了40%；磷由0.31%降至0.16%，降低了48.39%；镁由0.35%降至0.16%，降低了54.29%；锌由2.38%降至1.45%，降低了39.08%；硫由0.29%降至0.14%，降低了51.72%。整体分析来看，随着晾晒时间的延长，苜蓿矿物质指标呈现出逐渐降低的趋势，灰分指标呈现出逐渐升高的趋势，在苜蓿干草达到安全含水量时与干燥前相比，其矿物质指标降低了39.08%~54.29%，灰分指标升高了34.11%。

表3–57　苜蓿在自然干燥过程中的矿物质和灰分指标变化情况（%DM）

干燥时间	指标					
（h）	灰分	钙	磷	镁	钾	硫
0	8.97 ± 0.04f	1.40 ± 0.02a	0.31 ± 0.01a	0.35 ± 0.01a	2.38 ± 0.02a	0.29 ± 0.01a
4	9.50 ± 0.04e	1.26 ± 0.01b	0.27 ± 0.02b	0.28 ± 0.01b	2.16 ± 0.03b	0.23 ± 0.02b
12	9.59 ± 0.02e	1.2 ± 0.01c	0.24 ± 0.01c	0.25 ± 0.01c	2.06 ± 0.03c	0.21 ± 0.01c
24	9.81 ± 0.03d	1.13 ± 0.03d	0.20 ± 0.01d	0.22 ± 0.01d	1.94 ± 0.05d	0.18 ± 0.01d
48	10.02 ± 0.04c	1.04 ± 0.03e	0.18 ± 0.01e	0.19 ± 0.01e	1.76 ± 0.03e	0.16 ± 0.01e
72	11.72 ± 0.12b	0.98 ± 0.03f	0.17 ± 0.01f	0.17 ± 0.01f	1.63 ± 0.02f	0.15 ± 0.01ef
96	12.03 ± 0.04a	0.84 ± 0.02g	0.16 ± 0.01f	0.16 ± 0.01f	1.45 ± 0.03g	0.14 ± 0.01f

3.4.3.7 苜蓿在干燥过程中的营养品质综合评价指标变化

不同晾晒时间点的营养品质综合评价指标变化如表3–58所示。随着晾晒时间的延长，其不同营养品质综合评价指标呈现出逐渐降低的趋势。在干燥96 h后与干燥前相比，不同营养品质综合评价指标差异显著（$P<0.05$）。总可消化养分含量由70.53%降至53.53%，降低了24.10%；消化率由3.90%降至2.97%，降低了23.85%；相对饲喂价值由143.33降至94.00，降低了34.42%；

相对饲料质量由132.00降至94.00，降低了28.79%。

表3-58　苜蓿在自然干燥过程中的综合评价指标变化情况

干燥时间 （h）	综合评价指标			
	总可消化养分 （%DM）	中性洗涤纤维消 化率（%）	相对饲用价值	相对饲料质量
0	70.53 ± 1.22a	3.90 ± 0.02a	143.33 ± 1.53a	132.00 ± 2.00a
4	65.70 ± 0.35b	3.83 ± 0.03b	146.00 ± 1.00a	137.33 ± 1.53b
12	64.57 ± 0.25c	3.28 ± 0.01c	133.00 ± 1.73b	125.67 ± 2.08c
24	63.73 ± 0.21c	3.24 ± 0.03d	127.67 ± 1.53c	119.00 ± 1.00d
48	62.33 ± 0.42d	3.15 ± 0.02e	119.33 ± 2.08d	112.67 ± 2.52e
72	57.73 ± 0.60e	3.10 ± 0.02f	99.67 ± 1.53e	107.67 ± 1.53f
96	53.53 ± 0.71f	2.97 ± 0.03g	94.00 ± 1.00f	99.00 ± 1.00g

4 讨论

4.1 品种对紫花苜蓿干草产量和品质的影响机理探讨

影响紫花苜蓿产量和营养价值的因素很多，其中品种是主要影响因素之一。紫花苜蓿品种繁多，受自身遗传特性及环境条件的限制，其适宜生长的环境和长势也有所不同，其内部的营养特性和生产性能自然也会存在一定的差异[7]。

饲草产量是苜蓿生产能力的重要测试指标，也是衡量饲草经济价值的重要的指标，要想获得高产稳定的草产量，必须具有高产品种及相应的栽培措施、田间管理和适应的环境条件，而品种特性是决定其生产潜力和适应性的主要内在因素[160]。本书研究了包头地区种植的5个供试品种，其中国外苜蓿品种WL319HQ的产量和株高最优，而国内苜蓿品种准格尔的产量和株高最低，说明国外品种在包头地区的生长适应性高于国内品种，这与杨培志、王成章等人的研究结果一致[161, 162]。

苜蓿的大部分营养贮藏在叶片中，其叶片的多少直接影响苜蓿的茎叶比值。由于苜蓿叶片蛋白质含量丰富，且纤维含量低，叶片的比例越高，饲草越柔软，适口性就越强，其营养物质含量也就越高，饲草的营养品质就越好[163]。在本书的研究中，国外苜蓿品种WL319HQ和WL232HQ在不同生育期的苜蓿叶片含量都显著高于国内苜蓿品种，这说明国外苜蓿品种的营养品质较好。随着生育期的推迟，不同品种的叶片含量呈现出逐渐降低的趋势，其叶片含量逐渐降低主要有两方面原因：一是随着生育期的推迟，苜蓿茎秆的生长速度快，叶片生长速度慢，而叶片含量（%）=叶片烘干重/（叶片烘干重+茎秆烘干重），导致叶片含量逐渐降低；二是由于苜蓿在生长过程中叶片不断脱落，导致叶片含量降低。在本研究中，苜蓿叶片降低率变化趋势为：准格尔>WL232HQ>中苜3号>中苜1号>WL319HQ。从叶片降低率可以初步推断准格尔苜蓿的叶片比其他苜蓿品种容易脱落，而WL319HQ苜蓿叶片不容易脱落。关于苜蓿叶片脱落的研究还未见报道，可供借鉴的文献较少，因此本书试验（2）对不同品种苜蓿的落叶机理开展了深入研究。

品种是影响苜蓿营养品质的主要影响因素之一[164]。苜蓿在我国最主要的利用方式就是调制干草和青贮，然而，苜蓿原料的各养分含量差异对苜蓿干草营养品质和青贮品质具有很大的影响。鉴定苜蓿品质的重要指标是其营养成分的种类和含量，通过对营养成分的种类和含量分析，可以反映苜蓿营养价值的高低。苜蓿的营养丰富，富含蛋白质、碳水化合物、脂肪、矿物质、各种能量、氨基酸、次级代谢产物等。目前对苜蓿营养品质研究常测指标为粗蛋白、酸性洗涤纤维和中性洗涤纤维[165]。以其中某几个营养指标来评价苜蓿品质的好坏比较片面，但目前关于不同苜蓿品种的营养品质全面评价的研究较少。因此，本书的试验采用近红外光谱（NIRS）技术对不同品种苜蓿的营养指标的种类和含量开展全面研究，以期更加完善、全面地评价苜蓿品种对其营养价值的影响。在本书的研究中，国外苜蓿WL319HQ和WL232HQ的蛋白质含量较高，其可消化蛋白质（粗蛋白和瘤胃降解蛋白）含量较高，不可消化的蛋白质（中性洗涤不溶蛋白和酸性洗涤不溶蛋白）含量也较高，从而使这两个苜蓿品种的总蛋白质含量高于其他苜蓿品种。其中准格尔苜蓿的其他蛋白质指标含量低，其可溶性蛋白含量显著高于其他苜蓿品种，而可溶性蛋白是引起反刍家畜臌胀病的最主要原因[166]，因此准格尔苜蓿不适合青饲，最好是经过调制加工后再饲喂家畜比较好。总体分析来看，国外苜蓿品种WL319HQ和WL232HQ的营养品质高于国内苜蓿品种，主要体现在国外苜蓿具有高的可消化蛋白质（粗蛋白、瘤胃降解蛋白）含量，高的碳水化合物（非纤维碳水化合物、非结构碳水化合物、醇溶性碳水化合物）含量，高的能量（代谢能、泌乳净能、维持净能、增重净能）和低的纤维（酸性洗涤纤维、中性洗涤纤维、木质素）含量，从而使其瘤胃降解氮、相对饲喂价值和相对饲料质量较高。通过对5个苜蓿品种的干草产量、株高、粗蛋白、酸性洗涤纤维、中性洗涤纤维和木质素等6项常用指标做灰色关联度分析，其结果发现，与最优指标集的关联程度排序为WL319HQ>WL232HQ>中苜3号>中苜1号>准格尔。这一综合评价结果也验证了本试验的大田数据分析结果。说明国外苜蓿品种WL319HQ和WL232HQ苜蓿比较适合在包头地区种植，而准格尔苜蓿在包头地区的适应性较差，这与前人研究结果一致[161, 62]。

4.2　不同紫花苜蓿品种转录组测序及其落叶性的机理探讨

转录组测序是在高通量测序技术基础上发展起来的转录组分析技术，其中应用比较广泛的转录组测序平台是Illumines测序平台。Illumina测序技术为研究基因结构和功能提供了强大的技术支持，特别是对于无参考基因组的非模式植物进行的从头测序，可以获得该物种的参考序列，从而为其后续的基因研究提供理论基础。目前关于利用Illumina法对没有参考基因组物种进行转录组测序的研究较多，其中包括速生桉[167]、甘薯[98]、胡萝卜[107]和胡黄连[168]等。本试验利用高通量测序平台Illumina HiSeq 4000对2个品种紫花苜蓿（无参考基因组）叶片进行转录组分析。基于从头测序组装，总共获得66734条单一序列，平均长度为869 nt，本研究得到的单一序列数量明显高于刘希强等[126]关于紫花苜蓿转录组测序的研究结果（41734条单一序列），而低于张森浩[169]的研究结果（192875条单一序列）。其造成这种差异的原因可能是因为品种和生长环境的不同。本研究获得的紫花苜蓿单一序列平均长度明显高于鹅掌楸（537 nt）[110]、短丝木犀（697 nt）[170]和桂花（708 nt）[171]等，与火力楠（852 nt）[172]和青叶胆（901 nt）[173]等相近。总体来讲，本研究得到的转录本和单一序列长度与已有的紫花苜蓿转录组测序研究结果相似[114, 174]，说明本研究测序和拼接结果符合预期，其转录组数据可信。在本研究中有些单一序列不能完全覆盖鹰嘴豆，大豆和蒺藜苜蓿的同源基因的完整编码序列，但是本研究的单一序列能够覆盖大部分的同源基因，并且大部分单一序列长度与鹰嘴豆，大豆和蒺藜苜蓿同源基因长度的比值约等于1，说明本研究的转录组序列质量较好。

目前关于紫花苜蓿控制落叶基因的研究还未见报道，本团队首次开展了不同品种苜蓿落叶性差异机理的研究[14]。脱落酸、乙烯、茉莉酸、水杨酸、细胞分裂素和生长素是调节植物衰老的主要植物激素[175]。当植物处于干旱、盐碱或低温等环境胁迫下时，由于脱落酸浓度升高，叶片将加速衰老和脱落[99, 176]。此外，乙烯刺激纤维素酶的合成并控制纤维素酶从原生质体释放到细胞壁中，从而促进细胞壁降解和叶片脱落。许多研究表明[177-179]，如果植物组织受到机械损伤，其乙烯含量会升高。因此，紫花苜蓿在晾晒过程中叶片的脱落，可能是由于收获时机械对植物组织造成机械损伤，从而导致叶片组织中的乙烯浓度升高。目前关于植物激素相互作用促进叶片脱落的机制尚不清楚，并且很难研究[180]。

在本研究中，共有8414个基因注释到87个KEGG代谢通路中，这些基因中有281个差异基因。从中筛选出直接或者间接影响脱落酸和乙烯含量的3条代谢通路，共筛选出6个控制苜蓿落叶的关键基因，分别是*ARF*、*PIF3*、*ETR*、*PHYB*、*CRY*和*NCED3*。在高等植物中，黄嘌呤毒素不仅是脱落酸的合成前体，还是类胡萝卜素分解代谢的中间体[181]。*NCED*是催化9-顺式环氧类胡萝卜素双加氧酶裂解产生黄嘌呤毒素的酶，是高等植物脱落酸生物合成的限速酶[182-184]。拟南芥*NCED*及其在脱落酸生物合成中的作用研究得最为深入[184]。拟南芥*NCED*3的过表达导致植物中内源脱落酸的水平明显升高[185]，在转基因烟草中过表达番茄*NCED1*基因也获得了相似的结果[186]。根据RNA-Seq数据显示，苜蓿的*NCED3*基因在WL319HQ和准格尔品种之间差异表达。由qRT-PCR分析表明，准格尔苜蓿的*NCED3*转录水平比WL319HQ高约2.3倍，说明准格尔在生长过程中比WL319HQ更容易导致脱落酸含量的积累，这是导致准格尔苜蓿比WL319HQ更容易落叶主要原因。

植物激素信号转导途径在高等植物的植物激素代谢中起着至关重要的作用。乙烯受体蛋白（ETR）是一种启动乙烯信号转导途径的蛋白，它通过与乙烯结合，并将乙烯信号转导到*CTR1*[187]。已经在拟南芥和番茄中证实了乙烯受体蛋白和乙烯的高亲和力结合活性[188-190]。在RNA-Seq数据中，准格尔苜蓿中乙烯受体蛋白基因的表达水平比WL319HQ高约1.4倍，与准格尔苜蓿相比，WL319HQ中的乙烯受体蛋白基因被下调，表明准格尔比WL319HQ品种更有可能积累乙烯，从而导致准格尔苜蓿叶片更容易脱落。

ARF是一种转录因子，专门与生长素应答启动子元件（AuxREs）中发现的DNA序列5′–TGTCTC–3′结合。尽管ARF不直接参与叶片衰老、脱落，但它们是转录激活因子或阻遏因子，促进开花、雄蕊发育、花器官脱落和果实脱落等[191]。拟南芥ARF1和ARF2突变体的研究表明，ARF2可能影响植物组织脱落[192]。纳帕（Nagpal）等[193]发现拟南芥ARF6促进花器官成熟和衰老。另外，NPH4/ARF7和ARF19不仅增强ARF2表型，而且诱导叶片衰老。在本研究中发现，WL319HQ苜蓿叶片中的ARF显著下调，说明WL319HQ比准格尔苜蓿更不容易落叶。

昼夜节律–植物是一种与植物昼夜节律同步的遗传生理调节机制。植物对环境因子的响应主要依赖于激素调控网络，包括细胞分裂素、生长素、脱落酸和赤霉素[194]。昼夜节律在植物激素调节通路中起着至关重要的作用[195, 196]。同时，植物激素信号网络还作用于昼夜节律，将不同的代谢信号和环境信号传递给内源性昼夜节律系统，从而形成一个复杂的调控网络[197, 198]。在本研究中，发现了3个参与植物昼夜节律通路的差异基因，它们可能影响脱落酸和乙烯的调节。与准格尔苜蓿相比，WL319HQ的PHYB（–1.775倍）、PIF3（–3.715倍）和CRY（–1.952倍）基因表达下调。PIF3不仅在光和温度介导的环境信号中起关键作用，而且在脱落酸和乙烯的信号中也起重要作用。光照激活光敏色素通路，诱导PIF3的降解，促进类胡萝卜素的积累，从而导致脱落酸含量的增加。说明准格尔苜蓿更容易导致脱落酸含量的积累，从而导致准格尔苜蓿比WL319HQ更容易落叶。

综上所述，准格尔苜蓿比WL319HQ品种更容易脱落的原因是由于植物激素积累水平较高。NCED3和PIF3基因的高表达导致脱落酸含量增加；ETR和ARF表达上调导致乙烯含量的积累；植物生长素的积累也是间接影响苜蓿落叶的原因。

4.3　生育期对紫花苜蓿营养品质的影响及其机理探讨

苜蓿生育期是影响苜蓿产量、营养价值及再生性能等方面的主要因素。目前国内外学者开展生育期影响苜蓿营养品质和产量的研究较多。有研究者提出苜蓿刈割期的确定，在有利于获得高产、优质干草的同时，也要注意有利于苜蓿刈割后的再次生长发育、产量的持久性以及根部积累营养物质等要素[68, 69]。国内外大量研究表明[199-202]，苜蓿的最佳刈割时期是初花期，此时刈割可以获得较好的干草品质和产量，而且不影响下一茬苜蓿的再生和产量，可保持苜蓿生产持久性和稳定性。盛花期苜蓿的干物质产量比初花期增加17%，但刈割后干草品质较差[70]。然而随着生育期的推迟，苜蓿植株内的营养指标具体怎么变化的研究报道较少。本研究开展了生育期对苜蓿不同植株部位的营养指标的影响，以期系统全面的评价苜蓿营养指标随着生育期推迟而变化的规律和机理。

4.3.1 生育期对紫花苜蓿主要营养指标含量的影响机理

4.3.1.1 生育期对紫花苜蓿蛋白质含量的影响机理

动物通过分解植物和微生物蛋白并将它们重新组装成动物蛋白来满足其自身的蛋白质需求，因此，饲料中蛋白质的供应对家畜维持生命和进行生产具有重要的作用[24]。在本研究中，随着生育期的推迟（现蕾期→盛花期），其可消化蛋白质（粗蛋白、可溶性蛋白、瘤胃降解蛋白）含量呈现出逐渐降低的趋势，其中粗蛋白含量下降了9.56%~14.71%、可溶性蛋白含量下降了21.73%~33.33%、瘤胃降解蛋白含量下降了12.47%~19.93%，而瘤胃降解蛋白的下降主要原因是由于苜蓿植株细胞中的可溶性蛋白浓度的降低[31]；不可消化蛋白质（酸性洗涤不溶蛋白、中性洗涤不溶蛋白）含量呈现出逐渐升高的趋势，其中酸性洗涤不溶蛋白含量上升了2.52%~19.33%，中性洗涤不溶蛋白含量上升了35.29%~54.49%。造成这一变化趋势的主要原因是，随着生育期的推迟，苜蓿不断生长，茎叶比逐渐增大，叶片和茎秆不断老化，细胞壁成分增大，木质素和其他的结构性物质增加，植株细胞的内容物含量逐渐降低，从而导致可消化性蛋白质含量的降低，而不可消化蛋白质含量增加[203]。苜蓿叶片是储存蛋白质的主要器官，本研究发现，不同植株部位的可消化蛋白质含量变化趋势为叶片>整株>茎秆，其叶片的可消化蛋白质含量是茎秆的2倍左右。因此，苜蓿叶片含量多少是决定其营养品质的关键因素，在苜蓿收获、调制过程中，尽量减少叶片的脱落，从而提高苜蓿干草的营养品质。

4.3.1.2　生育期对紫花苜蓿纤维含量的影响机理

苜蓿纤维指标是存在于其植物细胞壁中的主要结构碳水化合物，包括中性洗涤纤维、酸性洗涤纤维和木质素等，属于饲草中的抗营养因子，其含量的多少直接影响到饲草的消化率。随着生育期的推迟，亚里（Yari，2017）等[37]研究发现，苜蓿木质素含量增加；帕尔莫纳里（Palmonari）等[71]研究发现，随着苜蓿成熟度增加导致其纤维和蛋白质组分发生变化，其粗蛋白含量下降，酸性洗涤木质素含量增加，而消化率升高。在本研究中，随着生育期推迟（现蕾期→盛花期），苜蓿不同植株部位的纤维指标（木质素、酸性洗涤纤维、中性洗涤纤维）含量呈现出逐渐升高的趋势，其中木质素含量升高了15.68%~24.47%，酸性洗涤纤维含量升高了15.73%~36.10%，中性洗涤纤维含量升高了16.93%~41.13%。本研究结果与上述学者的研究结果一致。不同植株部位的纤维指标含量变化趋势为叶片<整株<茎秆，其苜蓿叶片的纤维含量是茎秆的0.40倍左右，说明苜蓿叶片比茎秆更容易消化。

目前关于控制苜蓿木质素生物合成关键基因的研究报道较少。为了探究出生育期对苜蓿纤维含量影响的机理，本研究对不同生育期苜蓿进行转录组测序，从转录机理出发，以期从基因层面对其苜蓿木质素含量变化进行解释。本研究RNA-Seq数据显示，共找到8个和木质素合成相关的基因（*LAC11*、*CCOAOMT1*、*CCR1*、*CAD6*、*HCT*、*PAL1*、*COMT1*和*4CL*），并对这8个基因进行qRT-PCR验证，验证结果与RNA-Seq数据结果一致。随着生育期的推迟，其*CCOAOMT1*、*CCR1*、*CAD6*、*HCT*、*PAL1*、*COMT1*和*4CL*基因的表达量呈现出逐渐升高的趋势，其变化趋势和苜蓿木质素含量变化趋势一致，说明该7个基因促进苜蓿木质素的生物合成。木质素在植物体中的合成途径主要包括3个途径：①莽草酸途径，该途径主要是葡萄糖转化为莽草酸，从而进一步转化为苯丙氨酸和酪氨酸的过程；②苯丙烷途径，该途径主要是指苯丙氨酸在脱氨后，形成羟基肉桂酸及其辅酶酯，是植株中木质素和酚类化合物形成的通用途径；③木质素合成的特异途径，该途径是指羟基肉桂酸辅酶酯被还原为木质素单体（包括愈创木基木质素、紫丁香基木质素和愈创木基-紫丁香基木质素），最后聚合成木质素聚合体的过程。其中，植物木质素合成的最主要途径为②和③，这两个途径是目前植物木质素基因工程研究的重点和热点[137]。由以上3个途径可以看出，植物木质素合成主要是苯丙氨酸在一系列酶的作用下逐渐转化为木质素单体，最终聚合成木质素聚合体的过程。其中苯丙氨酸解氨酶是木质素合成的第一个限速酶，其表达量的增加，木质素含量显著增加[204]。4-香豆酸辅酶A连接酶主要作用是催化羟基肉桂酸转化为羟基肉桂酰-辅酶酯，是连接木质素生物合成途径②和途径③的关键酶。凯吉塔（Kajita）等[205]研究发现，在转基因烟草中，抑制4CL酶的活性，使其木质素含量下降19.00%~35.00%，说明4CL酶促进植物木质素合成。对羟基-肉桂酰辅酶A莽草酸/奎宁酸酯转移酶，抑制HCT酶的活性，可以使木质素合成受阻[206]。咖啡酰辅酶A-3-氧位甲基转移酶在木质素生物合成中催化甲基化，已有研究表明，抑制CCOAOMT1活性可以降低木质素含量[137]。咖啡酸-氧位甲基转移酶主要参与紫丁香基木质素的合成[137]。在本研究中，随着生育期的推迟，COMT1酶的活性呈现出增加的趋势，说明苜蓿的紫丁香基木质素含量逐渐增加。肉桂酰辅酶A还原酶是紫丁香基木质素和愈创木基木质素合成所必需的，抑制CCR1酶的活性，可以显著降低植株体内木质素含量[207]。肉桂醇脱氢酶是催化木质素生物合成的最后一步的关键酶。奥康奈尔（O'connell）等[208]研究发现，抑制CAD酶的活性，其植株木质素含量变化不显著，但可以改变木质素聚合体的结构，使木质素在后期加工过程中更容易被除去。在本研究中，随着生育期的推迟，其CAD6酶的活性和木质素含量变化趋势一致，呈现出逐渐升高的趋势，该研究结果与韩（Han）等人的[209]研究结果一致，他们对棉纤维细胞的伸长和次生壁形成开展了研究，在棉纤维生长发育后期，其木质素和木质素类似酚类化合物含量与CAD6的表达量都呈现出逐渐升高的趋势。随着生育期的推迟，其LAC11基因表达量呈现出逐渐降低的趋势，这与博伊斯（Boyes）等[210]的研究结果一致，该研究指出，植物大多数漆酶转录物的水平从早期发育阶段增加到一个平稳阶段，此后在植物成熟时下降。植物漆酶（Laccase，LAC）属于蓝色铜氧化酶家族，可将单木酚醇合成，据报道，有4个漆酶（LAC4，LAC11，LAC15和LAC17）在木质素生物合成中起作用，而且LAC11基因主要参与植物的愈创木基木质素的合成[143]。在本研究中，随着生育期的推迟，其LAC11基因表达量呈现出逐渐降低的趋势，说明苜蓿的愈创木基木质素含量逐渐降低。

综上所述，随着生育期的推迟，LAC11、CCOAOMT1、CCR1、CAD6、HCT、PAL1、COMT1和4CL等8种酶的表达量变化引起苜蓿木质素含量和组成的改变。随着生育期的推迟，苜蓿木质素含量逐渐增加，从而使其消化率降低，目前已有研究开展关于抑制苜蓿的木质素合成相关酶活性，从而提高苜蓿的消化率[211]。本研究为低木质素、高消化率苜蓿新品种的选育提高了新的思路和理论参考。

4.3.1.3 生育期对紫花苜蓿碳水化合物指标含量的影响机理

碳水化合物是仅由碳、氢和氧元素组成的生化化合物，是动物的主要能量来源。其中，非结构性碳水化合物比结构性碳水化合物更容易被动物用于能量代谢。在本研究中，随着生育期推迟（现蕾期→盛花期），苜蓿不同植株部位的碳水化合物指标（非纤维碳水化合物、非结构碳水化合物、醇溶性碳水化合物、水溶性碳水化合物和淀粉）含量呈现出逐渐降低的趋势，其中非纤维碳水化合物含量降低了 10.00%~20.97%；非结构碳水化合物含量降低了19.32%~54.46%；醇溶性碳水化合物含量降低了 6.14%~51.02%；水溶性碳水化合物含量降低了 12.10%~35.87%；淀粉含量降低了 29.02%~91.89%。这是由于苜蓿在现蕾期以前，主要为营养生长，通过光合作用储存较多的碳水化合物；在初花期及以后时期，主要为生殖生长，需要利用这些碳水化合物提供能量和营养，消耗较多，从而使其含量逐渐降低。该研究结果与王仕元等[212]研究结果一致。不同植株部位碳水化合物指标含量变化差异为叶片>整株>茎秆，其叶片碳水化合物是茎秆的 1.5 倍以上，这是由于苜蓿主要以叶片进行光合作用，其叶片中合成的碳水化合物比茎秆中多。

目前关于控制苜蓿碳水化合物关键基因的研究还未见报道。为了探究出生育期对苜蓿碳水化合物含量影响的机理，对不同生育期苜蓿进行转录组测序，从转录机理出发，以期从基因层面对其苜蓿碳水化合物指标含量变化进行解释。本研究RNA-Seq数据显示，共找到9个和碳水化合物合成相关的基因（*SPS3*、*SUS6*、*AGPS1*、*AMY*、*pgmA*、*SBE3*、*WAXY*、*SS1*和*ISA2*），并对这9个基因进行qRT-PCR验证，验证结果与RNA-Seq数据结果一致。其中磷酸蔗糖合成酶是蔗糖合成的主要限速酶，其*SPS*酶活性与蔗糖形成呈正相关，提高*SPS*酶的活性可以增加蔗糖的含量，从而增加非结构性碳水化合物含量[150]。在本研究中，随着生育期的推迟，*SPS3*酶的活性具有降低的趋势，从而导致了苜蓿非结构碳水化合物含量的下降。蔗糖合成酶是一种存在于植物细胞质中的可溶性酶，该酶既可以催化蔗糖的合成，又可以催化蔗糖的分解（果糖+UDPG→蔗糖+UDP），但在植物茎秆中主要起到分解蔗糖的作用[151]。在本研究中，*SUS6*酶的表达量随着生育期的推迟呈现出先降低后升高的趋势，而苜蓿非结构碳水化合物呈现出逐渐降低的趋势，这可能是由于*SUS6*酶分解蔗糖的作用大于合成蔗糖的作用，从而导致苜蓿非结构碳水化合物含量下降。

葡萄糖磷酸变位酶是淀粉合成的第一步关键酶，葡萄糖-6-磷酸在*pgmA*酶的催化下生成葡萄糖-1-磷酸（glucose-1-phosphate，G1P），从而为淀粉合成前体提供底物[146]。在本研究中，随着生育期的推迟，其*pgmA*酶的表达量逐渐升高，说明在整个生育期苜蓿的淀粉一直在合成。葡萄糖-1-磷酸腺苷酸转移酶是淀粉生物合成过程的关键调节酶，提高其生物活性，有利于增加淀粉的生物合成[144]。在本研究中，随着生育期的推迟，其*AGPS1*表达量呈现出先降低后升高的趋势，说明从现蕾期到初花期，苜蓿的淀粉合成较少，而初花期以后，苜蓿的淀粉合成逐渐增多，而苜蓿实际大田数据显示淀粉含量逐渐降低，这可能是由于苜蓿的淀粉合成速度低于其降解和转化速度导致。a-淀粉酶参与淀粉的降解[145]，随着生育期的推迟，其表达量上升，从而加速了苜蓿淀粉的降解，使淀粉含量逐渐降低。淀粉分支酶的主要功能为切断淀粉的a-1，4糖苷键并产生a-1，6糖苷键，从而产生支链淀粉。而*SBE3*酶是*SBE*同工酶之一，在植物体中主要负责30%胚乳中的支链淀粉的生物合成[147]。随着生育期的推迟，*SBE3*酶表达量逐渐升高，说明苜蓿植株内的支链淀粉含量是逐渐升高的。颗粒结合型淀粉合成酶具有促进直链淀粉糖链的延伸[146]，随着生育期的推迟，其表达量逐渐降低，可能引起苜蓿长链淀粉含量的下降。淀粉合成酶的主要作用是催化支链淀粉和直链淀粉的延伸，其活性与淀粉含量呈正比[148]；在本研究中，随着生育期的推迟，其表达量逐渐降低，这是导致苜蓿淀粉含量降低的主要原因之一。异淀粉酶型淀粉解支酶有3种同工型*ISA1*、*ISA2*和*ISA3*，其中*ISA2*在胚乳的支链淀粉生物合成中起重要作用，*ISA2*是主要淀粉合成的决定因素，随着生育期推迟，其表达量的降低也是导致苜蓿淀粉含量的下降的主要原因[149]。

综上所述，随着生育期的推迟，苜蓿的碳水化合物含量呈现出逐渐降低的趋势，主要是由于9种碳水化合物合成相关的酶的变化所引起的。其中*SPS3*和*SUS6*酶表达量的变化导致了苜蓿蔗糖含量的降低，从而使苜蓿的非纤维碳水化合物含量逐渐降低。其*pgmA*酶的表达量逐渐升高，说明在整个生育期苜蓿的淀粉一直在合成；*AGPS1*表达量呈现出先降低后升高的趋势，说明从现蕾期到初花期，苜蓿的淀粉合成较少，而初花期以后，苜蓿的淀粉合成逐渐增多，由于苜蓿的淀粉合成速度低于其降解和转化速度，从而导致苜蓿淀粉含量的降低。*AMY*表达量逐渐上升和*SS1*、*ISA2*表达量逐渐降低，是导致苜蓿淀粉含量的逐渐下降的主要原因；*SBE3*酶表达量逐渐升高，可能导致苜蓿植株内的支链淀粉含量是逐渐升高的；*WAXY*表达量逐渐降低，可能引起苜蓿长链淀粉含量的下降。

4.3.1.4　生育期对紫花苜蓿脂肪酸含量的影响机理

脂肪含有丰富的能量，是碳水化合物能量的2.25~2.8倍，并且易消化，脂肪是由脂肪酸构成的。脂肪酸的生物合成是一个重要的代谢过程，对植物的生长发育起到重要作用。在本研究中，随着生育期推迟，其脂肪和脂肪酸指标（粗脂肪、总脂肪酸、不饱和脂肪酸、短链脂肪酸）含量呈现先升高后降低趋势；不同植株部位的脂肪酸指标含量变化趋势为叶片>整株>茎秆，叶片的脂肪酸含量是茎秆的2倍以上。目前关于苜蓿脂肪酸生物合成相比基因的研究还未见报道。为了探究出生育期对苜蓿脂肪酸含量影响的机理，本研究对不同生育期苜蓿进行转录组测序，从转录机理出发，以期从基因层面对其苜蓿脂肪酸含量变化进行解释。本研究RNA-Seq数据显示，共找到8个和脂肪酸合成相关的基因（*FabG*、*KCS11*、*GPAT1*、*ACACA*、*FAS2*、*FAD2*、*KAS1*和*FATB*），并对这8个基因进行qRT-PCR验证，验证结果与RNA-Seq数据结果一致。

在脂肪酸代谢循环加碳过程中，乙酰辅酶A羧化酶和脂肪酸合酶复合体极其关键的限速酶[156, 157]，这2种酶促进脂肪酸的合成，其表达量呈现出逐渐升高的趋势，说明苜蓿在整个生育期都在合成脂肪酸。3-酮酰辅酶A合酶是催化脂肪酸碳链延长的第一步缩合反应酶，其中*KCS11*就具有广泛的底物特异性，其具有在内质网上催化C 16:0-ACP向C 18:0-ACP转化的作用[138]，其表达量与脂肪酸含量变化趋势一致，这是由于*KCS11*酶的活性与脂肪酸合成量成正比。随着生育期的推迟，其表达量呈现出先降低后升高的趋势，说明在初花期以前，苜蓿主要合成短链脂肪酸，而初花期以后，苜蓿利用短链脂肪酸来合成长链脂肪酸含量增加，而本试验检测的脂肪酸主要为短链脂肪酸（主要C16、C18），因此，该酶的变化是导致苜蓿脂肪酸含量呈现出先升高后降低的主要原因之一。3-氧代酰基-[酰基载体蛋白]还原酶具有促进脂肪酸合成的作用[213]，该基因的表达量变化是导致苜蓿脂肪酸含量呈现出先升高后降低的主要原因之一。脂肪酰基ACP硫酯酶B基因是饱和脂肪酸合成的重要决定因素，进而对植物生长和种子发育起到重要作用，该基因对C16:0-ATP的活性最高[214]，该基因的表达量逐渐降低，说明苜蓿的饱和脂肪酸（C16:0）的合成逐渐降低，这是导致苜蓿饱和脂肪酸含量先升高后降低的主要原因之一。脂肪酸去饱和酶能够促进脂肪酸发生脱氢反应，使得脂肪酸C链上形成不饱和键，特别是FAD2酶促进不饱和脂肪酸的合成[139]，在本研究中，FAD2酶的表达量逐渐升高，说明随着生育期推迟，苜蓿的不饱和脂肪酸合成逐渐增多，而研究数据显示，苜蓿不饱和脂肪酸的含量先升高后降低，这可能是初花期以后苜蓿的不饱和脂肪酸生物合成的速度低于其降解和转化的速度，从而导致不饱和脂肪酸的含量降低。KAS1是促进C16:0碳链延伸的关键基因，该酶催化6碳向16碳脂肪酸的合成[142]，其表达量呈现出逐渐升高的趋势，说明苜蓿随着生育期推迟，其16碳脂肪酸的合成逐渐增多。3-磷酸甘油酰基转移酶是合成长链脂肪酸三酰甘油的第一步关键酶[215]，在本研究中，GPAT1酶的变化趋势为先降低后升高，说明苜蓿生长后期的长链脂肪酸合成较多。

综上所述，随着生育期推迟，ACACA和FAS2酶的表达量逐渐升高，说明苜蓿随着生育期的推迟，都在合成脂肪酸；而苜蓿的脂肪酸含量呈现出先升高后降低的趋势的主要原因是由于KCS11、FabG和FATB酶的表达量变化；FAD2酶的表达量的变化导致苜蓿不饱和脂肪酸的变化；KAS1酶的变化导致苜蓿16碳脂肪酸含量的变化；GPAT酶的变化，导致苜蓿长链脂肪酸含量的改变。

4.3.2　生育期对紫花苜蓿氨基酸含量的影响机理

氨基酸是动物体合成蛋白质的结构单元，目前已经发现自然界存在20种氨基酸。其中8种被称为必需氨基酸（只能从食物中获得），另外12种被称为非必需氨基酸。苜蓿氨基酸种类比较齐全，可以作为补充家畜氨基酸的饲草来源。有研究表明，氨基酸的供应量通常会限制反刍家畜的生物产量，特别是受半胱氨酸和甲硫氨酸的影响最大[216, 217]。在奶牛饲草料中添加甲硫氨酸可以增加奶产量，同时可以提高牛奶中的乳蛋白含量[218]。豆科植物体内的有机氮物质含量较高，而有机氮物质是植株生长发育过程中的重要营养物质，氨基酸是植物氮元素的主要流通形式，参与植物的蛋白质合成、物质代谢过程、内源激素的调控和能量储存等多种生命过程，氨基酸是植物必要的营养来源和重要的调控手段之一[219]。有研究发现，苜蓿中能够检测到17种氨基酸，由于色氨酸在样品处理前容易被水解，因此不排除苜蓿植株内含有色氨酸的可能[61, 220]。而利文斯顿（Livingston）和姜健等[221, 222]在苜蓿植株内检测到了色氨酸。在本研究中，在苜蓿不同部位共检测到17种氨基酸，没有检测到色氨酸，但是在转录组数据中找到控制色氨酸合成的相关基因，说明在苜蓿植株内含有色氨酸。本研究结果与上述学者研究结果一致。本研究发现，不同生育期苜蓿不同植株部位的17种氨基酸总含量变化范围为6.44%~23.76%；其中有7种必需氨基酸，其总量为2.32%~9.09%；10种非必需氨基酸，其总量变化为4.12%~14.67%；随着生育期的推迟，氨基酸总量、非必需氨基酸和必需氨基酸总含量的变化趋势为逐渐降低；不同植株部位的总氨基酸含量、非必需氨基酸和必需氨基酸含量的变化趋势为：叶片>整株>茎秆。本研究结果与姜健、孙娟娟等人的研究结果一致[61, 222]。通过对不同生育期苜蓿不同植株部位取样，共检测到9种药用氨基酸，包括天冬氨酸、谷氨酸、甘氨酸、蛋氨酸、异亮氨酸、亮氨酸、苯丙氨酸、赖氨酸和精氨酸，其药用氨基酸总量的变化范围为4.13%~14.94%，随着生育期的推迟，苜蓿的药用氨基酸总量变化趋势为逐渐降低，在不同植株部位的药用氨基酸总量的变化趋势为：叶片>整株>茎秆。本研究结果与孙娟娟等研究结果一致[61]。

目前关于控制苜蓿氨基酸合成和转化基因的研究报道较少。为了探究出生育期对苜蓿氨基酸含量和组分的影响机理，本研究对不同生育期苜蓿进行转录组测序，从转录机理出发，以期从基因层面对其苜蓿氨基酸含量变化进行解释。本研究RNA-Seq数据显示，找到10个和氨基酸合成和转化相关的基因（metE、trpB2、arg12、glnA、serB、cysK、BCAT2、TSB、PAH和ACY1），并对这10个基因进行qRT-PCR验证，验证结果与RNA-Seq数据结果一致。研究发现，磷酸丝氨酸磷酸酶通过促进磷酸丝氨酸的去磷酸化途径催化L-丝氨酸的合成[156]。而半胱氨酸合酶是促进丝氨酸向半胱氨酸转化的关键酶[155]。在本研究中，随着生育期的推迟，苜蓿叶片的丝氨酸和半胱氨酸含量变化差异不显著，而serB和cysK酶的表达量是逐渐升高的，这说明serB促进磷酸丝氨酸向丝氨酸转化和cysK促进丝氨酸向半胱氨酸转化的速度相当，从而导致苜蓿的丝氨酸含量变化差异不大；而随着生育期推迟，苜蓿的半胱氨酸含量变化差异不显著，也可能是由于苜蓿的半胱氨酸合成速度与其转化速度相当所致。蛋氨酸合成酶催化甲基从四氢叶酸直接转移到L-高半胱氨酸以形成蛋氨酸[152]。在本研究中，随着生育期的推迟，metE酶的表达量是逐渐升高的，而苜蓿叶片的蛋氨酸含量逐渐降低，这说明苜蓿植株内的蛋氨酸合成速度小于其降解和转化速度。支链氨基酸氨基转移酶具有促进支链氨基酸（亮氨酸、异亮氨酸和缬氨酸）分解代谢为α-酮酸的功能[157]，随着生育期的推迟，BCAT2酶的表达量呈现出先升高后降低的趋势，说明苜蓿的亮氨酸、异亮氨酸和缬氨酸分解代谢程度先升高后降低，而整个生育期内苜蓿都在分解支链氨基酸，从而导致苜蓿的亮氨酸、异亮氨酸和缬氨酸含量逐渐降低，这与本研究大田试验结果一致。苯丙氨酸-4-羟化酶促进丙氨酸的分解转化[223]，随着生育期的推迟，苜蓿的PAH酶表达量呈现出逐渐降低的趋势，说明苜蓿的苯丙氨酸一直在分解转化，其分解程度前期较强，而后期较弱，这是苜蓿植株内的苯丙氨酸含量逐渐降低的主要原因。精氨酸琥珀酸合酶催化精氨酸（Arg）生物合成的限速酶[153]。在本研究中，随着生育期的推迟，arg12酶的表达量呈现出逐渐升高的趋势，与精氨酸含量变化趋势相反，这可能是由于苜蓿合成精氨酸的速度低于其代谢转化的速度，从而导致苜蓿植株内储存的精氨酸含量逐渐降低。谷氨酰胺合成酶催化谷氨酸和铵的缩合生成谷氨酰胺，是促进谷氨酸代谢转化的一种酶[154]。在本研究中，随着生育期的推迟，其glnA酶表达量逐渐升高，其表达量的上升导致谷氨酸的含量下降，这是导致苜蓿植株内谷氨酸含量逐渐降低的主要原因。氨酰酶广泛存在于动物、植物和微生物中，是生物体内进行氨基酸代谢的必需的水解酶，ACY1酶具有很强的强光特异性，其特异性为L型，能够拆分生物体合成的N-乙酰-DL-氨基酸，从而得到L-氨基酸[158]。在本研究中，随着生育期的推迟，ACY1酶表达量呈现出先降低后升高的趋势，说明苜蓿植株内的L-氨基酸含量变化趋势可能为先降低后升高。本研究还检测到色氨酸合成相关的酶，色氨酸合酶和色氨酸合酶β2型酶都促进色氨酸的合成，说明苜蓿植株内有色氨酸的存在，而本研究数据中没有检测到色氨酸，这是由于色氨酸在样品处理前容易被水解，从而导致苜蓿植株中没有检测到色氨酸[61，220]。

综上所述，serB和cysK酶的表达量变化导致苜蓿植株内的半胱氨酸含量的改变；*metE*酶的表达量的变化，导致苜蓿的蛋氨酸含量的变化；*BCAT2*酶的表达量变化，导致苜蓿的亮氨酸、异亮氨酸和缬氨酸含量逐渐降低；*PAH*酶表达量变化，导致苜蓿植株内的苯丙氨酸含量逐渐降低；*arg12*酶的表达量的变化，导致苜蓿精氨酸含量逐渐降低；*glnA*酶表达量逐渐升高导致苜蓿谷氨酸的含量下降；*ACY1*酶表达量变化，可能影响着苜蓿的L-氨基酸含量变化；本研究还检测到色氨酸合成相关的酶（*trpB2*和*TSB*酶），说明苜蓿植株内有色氨酸的存在。

4.3.3　生育期对紫花苜蓿黄酮和单宁含量的影响机理

　　植物不能通过移动来回避环境对其造成的伤害，只能通过自身产生某些物质来抵御外界的干扰，次级代谢物质是植物长期适应外界环境的结果[129]。通过次级代谢合成的产物通常称为次级代谢产物，大多是分子结构比较复杂的化合物，根据其作用，可将其分为萜类、酚类和生物碱等。苜蓿植株内的次级代谢产物比较丰富，富含黄酮、单宁等[46]。黄酮类化合物是天然酚类物质，是苜蓿的主要次级代谢产物，具有药理性，主要存储在叶片、花和种子的天然色素中，大多为黄色，也被称为类黄酮[224]。在本研究中，随着生育期的推迟，苜蓿植株不同部位的黄酮含量呈现出先降低后升高的趋势；不同生育期苜蓿叶片的黄酮含量>整株>茎秆，叶片的黄酮含量是茎秆的6.39~11.24倍。本研究结果与高微微[129]研究结果一致。单宁是植物体类存在的酚类化合物，根据其水解特性可以分为水解单宁和缩合单宁，其中缩合单宁是反刍动物抗膨胀病的关键因子，可以与可溶性蛋白凝结，从而阻止反刍动物的膨胀病[46]。目前关于苜蓿不同生育期不同植株部位单宁含量的研究较少。在本研究中，随着生育期的推迟，苜蓿不同植株部位的单宁含量变化趋势各异，苜蓿整株的单宁含量呈现出逐渐升高的趋势，苜蓿茎秆和叶片呈现出先降低后升高的趋势；不同生育期苜蓿叶片的单宁含量>整株>茎秆，叶片的单宁含量是茎秆的2.50倍左右。

　　为了探究出生育期对苜蓿黄酮和单宁含量的影响机理，本研究对不同生育期苜蓿进行转录组测序，从转录机理出发，以期从基因层面对其苜蓿黄酮和单宁含量变化进行解释。本研究RNA-Seq数据显示，找到4个与黄酮合成和转化、2个与单宁合成相关的基因（*CHS4*、*CHI1*、*MYB4*、*FLS*和*ANS*、

ANR1），并对这6个基因进行qRT-PCR验证，验证结果与RNA-Seq数据结果一致。黄酮类化合物合成的前体物质是查尔酮，其查尔酮合酶是黄酮类化合物合成的第一步关键酶；而查耳酮异构酶是黄酮类化合物合成上游位置的关键酶之一，促进其过量表达，能够提高植物体内黄酮的含量；而*MYB*是黄酮生物合成途径中的关键调控基因[46]。在本研究中，随着生育期的推迟，*CHS4*、*CHI1*和*MYB4*基因表达量呈现出逐渐升高的趋势，说明苜蓿在整个生育期的黄酮化合物合成是逐渐增加的，而试验大田数据显示，苜蓿叶片中和茎秆中的黄酮含量呈现出先降低后升高的趋势，这是由于现蕾期到初花期，是苜蓿从营养生长转变到生殖生长的关键时期，其黄酮化合物中的花青素是决定花色的主要成分，此时茎和叶中的黄酮化合物转运到了花中，导致其含量的降低[129]。黄酮醇合酶是黄酮醇生物合成的关键酶[129]，随着生育期的推迟，其*FLS*表达量呈现出先降低后升高的趋势，其变化趋势与苜蓿的黄酮含量变化趋势一致，这是由于*FLS*促进黄酮醇合成，而黄酮醇是黄酮化合物的主要组成成分之一。单宁是植物黄酮类化合物生物合成的重要分支产物。植物体内的单宁类化合物主要是以花青素作为前体物质，通过一系列酶促反应而合成的。单宁合成是由无色花青素在花青素合酶作用下合成花色素，其花色素在花青素还原酶作用下生产顺式黄烷-3-醇，最后缩合成单宁物质[159]。在本研究中，随着生育期的推迟，*ANS*酶的表达量呈现出先升高后降低的趋势，说明苜蓿合成花色素含量先升高后降低；而*ANR1*酶的表达量呈现出先降低后升高的趋势，说明合成单宁含量也应该为先降低后升高，这与苜蓿叶片单宁含量变化趋势一致。

综上所述，*CHS4*、*CHI1*、*MYB4*、*FLS*、*ANS*和*ANR1*酶的表达量变化导致苜蓿黄酮和单宁含量的改变。

4.4 环境因子对苜蓿干草营养品质的影响规律探讨

影响苜蓿干草品质的因素有很多，除了品种、生育期等自身因素外，苜蓿自然干燥过程中的外界环境因素也是影响其干草营养品质的主要原因[225]。因此本试验采用CR1000人工气象站对苜蓿晾晒过程中的环境因子进行实时监控，研究环境对苜蓿干燥速率和营养品质的影响。通过实时监测苜蓿干燥过程中环境因子的变化发现，10:00~18:00的太阳辐射强烈，气温和土壤温度较高，风速较大，而空气湿度和大气水势较低，是苜蓿干燥的最佳时间。该研究结果与尹强的研究结果一致[86]。苜蓿自然干燥过程分为两个阶段，第一个阶段为生理变化过程，第二个阶段为生化变化过程[90]。生理变化过程特点为：在活细胞中进行，以异化作用为主导的生理过程；呼吸作用消耗单糖，使糖降低，将淀粉转化为单糖、双糖；部分蛋白质转化为水溶性氨化物；初期损失极少，在细胞死亡时大量破坏，总损失量为50%。生化变化过程特点为：在死细胞中进行，在酶参与下分解为主导的生化过程；单糖、双糖在酶的作用下变化很大；其损失随水分减少、酶活动减弱而减少；大分子的碳水化合物（淀粉、纤维素）几乎不变；短期干燥时不发生显著变化，长期干燥时酶活性加剧使氨基酸分解为有机酸进而形成氨，尤其当水分较高时（50%~55%），延长干燥时间会加大蛋白质损失；牧草干燥后损失逐渐减少，干草被雨淋氧化加强，损失增大[99]。

　　苜蓿干草调制过程中，影响其营养品质最大的限制因素是干燥速率，如何加快苜蓿干草的干燥速率，缩短干燥时间是调制优质苜蓿干草的关键点。在本研究中，苜蓿在自然干燥过程中，其不同植株部位的干燥速率变化为叶片>整株>茎秆。这是因为苜蓿茎秆的表面积较小，其角质层含有蜡质，从而导致水分不容易散失；而叶片的表面积较大，且角质层含有较少的蜡质，从而有利于水分的散失，从而使苜蓿叶片干燥较快[17]。本研究与比兰斯基（Bilanski）等[226]研究结果一致，他们研究发现茎的干燥时间是叶的2.5倍。因此在苜蓿干草调制过程中，干燥时间过短，其茎秆达不到安全含水量；干燥时间过长，导致苜蓿叶片大量脱落，从而造成营养损失；苜蓿茎秆与叶片的干燥时间不一致，是导致苜蓿干草营养品质低的最主要原因。其茎秆的含水量是决定苜蓿干燥时间的关键因素，在调制苜蓿干草过程中可以采用压扁、切短、人工辅助干燥和喷洒化学助干剂等方法加速器干燥时间，使得苜蓿茎叶干燥时间尽量一致，减少叶片的脱落，从而提高苜蓿干草的品质。

　　本研究还发现，随着晾晒时间的延长，其干燥速率呈现出先快后慢的变化趋势。整体来说，在晾晒0~12 h的干燥速率较大，其苜蓿含水量下降较快，主要有以下两方面原因：①在晾晒的0~12 h，即8:00~20:00，此时间段的太阳辐射强烈，气温和土壤温度较高，风速较大，而空气湿度和大气水势较低，从而导致苜蓿植株内部的水势>大气水势，加速其植株内部水分向大气中扩散，使得含水量下降较快；②在晾晒的0~12 h属于苜蓿干燥前期，干燥前期苜蓿的水分散失以细胞间的自由水为主，其干燥速率主要由苜蓿植株与大气二者之间的水势差、气孔阻力和空气阻力等因素控制，干燥前期苜蓿植株与大气的水势较大，植株的含水量也较大，植株细胞还没有全部死亡，其气孔阻力和空气阻力也较小，从而导致干燥速率较快[227]。在晾晒12 h以后，苜蓿含水量下降较慢，干燥速率逐渐降低，主要由于：①在晾晒12~24 h，即18:00~次日8点，此时间段为晚上，此时的太阳辐射为0，气温和土壤温度较低，风速较小，而空气湿度和大气水势较高，从而导致苜蓿植株与大气水势差减小，不利于水分的散失，而且夜间会出现返潮现象，从而导致苜蓿的含水量下降减缓，干燥速率降低；②在晾晒12 h到达到安全含水量期间，属于苜蓿干燥后期，在干燥后期苜蓿植株散失的主要是细胞内的结合水，而该部分水从植株细胞内进入细胞间隙时，其细胞壁的阻力加大，水气的通量降低，扩散阻力加大，使其后期苜蓿含水量下降减缓和干燥速率降低[221]。

而苜蓿干燥过程中，外界环境因子是影响苜蓿干燥速率的重要因素之一。尹强等[86]研究发现，苜蓿干草调制过程中其干燥速率与太阳辐射强度、空气温度和风速呈显著正相关，与空气湿度和大气水势呈显著负相关，各影响因素对其干燥速率的影响大小为：太阳辐射强度>空气温度>大气水势>空气湿度>风速>苜蓿植株含水量；刘丽英[17]研究发现，苜蓿干燥过程中，其环境温度、太阳辐射和风速与干燥速率呈正相关，而空气湿度与干燥速率呈负相关。曹致中[87]研究发现，苜蓿晾晒过程中影响其干燥速率最大的环境因子是太阳辐射强度，太阳辐射是其干燥过程中最大的能量来源，主要通过促进苜蓿茎秆的水分蒸发和增加空气温度从而加快苜蓿的干燥速率；当空气湿度很大时，强的太阳光辐射的干燥速率是弱辐射条件下的10倍。除了以上环境因子对苜蓿干燥速率影响较大外，土壤的温度和湿度对苜蓿干草的干燥速率影响也较大。侯武英[88]研究发现，苜蓿晾晒过程中，其土壤上层0.6~0.7 cm的土壤湿度对苜蓿干草的品质影响较大，因为土壤层的湿度较大会使得苜蓿干燥过程出现返潮现象，同时会加大割倒后苜蓿附着含水量，同时土壤湿度过大还会影响苜蓿收获机械的工作效率。在本研究中，影响苜蓿干燥速率的主要环境因子为：大气水势（负相关）>太阳辐射强度（正相关）>土壤温度（正相关）>气温（正相关）>空气相对湿度（负相关）。本研究结果与上述学者的研究结果基本一致。

苜蓿在自然干燥过程中的生理变化阶段和生化变化阶段的营养损失情况存在很大差异。杨永林等[228]研究认为，饲草在干燥的生理变化阶段的营养物质损失是由于呼吸作用导致的，例如，一部分的淀粉被转化为单糖或者二糖，同时伴随一部分蛋白质被消耗分解为氮化物（氨基酸为主），该干燥阶段的营养物质损失在5%~10%，在生产中必须加快细胞的死亡，缩短该生理阶段时间，从而降低饲草的营养物质损失。苜蓿干燥的生化变化时间比较长，主要为酶参与生化反应导致营养物质的损失；而该阶段的翻晒、搂草等机械作业次数较多，从而导致苜蓿叶片的大量脱落，使营养物质大量损失；在苜蓿干燥的生化变化阶段的营养物质损失15%~30%，在实际生产中应该采取有效措施加速苜蓿干燥速率，缩短干燥时间，从而减少其营养物质的损失[87]。在本研究中，苜蓿在自然干燥过程中，营养物质降低速率变化趋势为先快后慢，随着晾晒时间的延长其营养损失较大，其中蛋白质指标（粗蛋白、可溶性蛋白、中性洗涤不溶蛋白和瘤胃降解蛋白）降低了23.85%~69.43%；纤维指标（中性洗涤纤维、酸性洗涤纤维和木质素）升高了26.21%~61.82%；碳水化合物指标（非纤维碳水化合物、非结构碳水化合物、醇溶性碳水化合物和淀粉）降低了32.33%~69.40%；脂肪指标（总脂肪酸和粗脂肪）降低了38.19%~57.96%；能量指标（代谢能、泌乳净能、维持净能和增重净能）降低了30.77%~45.31%；矿物质指标（钙、磷、镁、钾和硫）降低了39.08%~54.29%，灰分升高了34.11%；总可消化养分降低了24.10%；消化率降低了23.85%；相对饲喂价值降低了34.42%；相对饲料质量降低了28.79%。本研究结果与以上学者研究结果一致。

5 结论及创新

5.1 结论

本书综合试验研究和分析讨论，主要得出以下结论：

（1）通过对5个种植在黄河流域地区的苜蓿品种的产量、落叶性和营养品质进行测定，筛选出易落叶品种（准格尔）和不易落叶品种（WL319HQ）；结合干草产量、株高、粗蛋白、酸性洗涤纤维、中性洗涤纤维和木质素6项常用指标做灰色关联度分析结果为WL319HQ>WL232HQ>中苜3号>中苜1号>准格尔。

（2）通过对试验（1）筛选出的落叶差异性较大的2个苜蓿品种准格尔和WL319HQ进行控制落叶关键基因筛选研究，从中筛选出控制苜蓿叶片脱落的3条代谢通路，共找到6个控制苜蓿落叶的关键基因，分别是 *ARF*、*PIF3*、*ETR*、*PHYB*、*CRY* 和 *NCED3*。

（3）通过对WL319HQ苜蓿进行生育期对营养品质影响的机理研究，结果表明，随着生育期推迟，其可消化蛋白质（粗蛋白、可溶性蛋白、瘤胃降解蛋白）指标含量逐渐降低，不可消化蛋白质（酸性洗涤不溶蛋白、中性洗涤不溶蛋白）指标含量逐渐升高；*LAC11*、*CCOAOMT1*、*CCR1*、*CAD6*、*HCT*、*PAL1*、*COMT1* 和 *4CL* 8种酶的表达量变化引起苜蓿纤维含量和组成的改变；*SPS3*、*SUS6*、*AGPS1*、*AMY*、*pgmA*、*SBE3*、*WAXY*、*SS1* 和 *ISA2* 9种酶的表达量变化导致苜蓿碳水化合物含量和结构的改变；*FabG*、*KCS11*、*GPAT1*、

ACACA、*FAS2*、*FAD2*、*KAS1*和*FATB* 8种酶表达量的变化导致苜蓿脂肪酸含量、结构的变化；*metE*、*arg12*、*glnA*、*serB*、*cysK*、*BCAT2*、*PAH*、*ACY1*、*trpB2*和*TSB*酶10种酶的表达量变化导致苜蓿的氨基酸含量和成分的变化；*CHS4*、*CHI1*、*MYB4*、*FLS*、*ANS*和*ANR1* 6种酶的表达量变化导致苜蓿黄酮和单宁含量的改变。

（4）通过对以上研究中筛选出的品质和产量兼优的苜蓿品种（WL319HQ）进行干草调制试验，研究发现，苜蓿干燥过程中不同植株部位的干燥速率为叶片>整株>茎秆，随着晾晒时间延长，苜蓿干燥速率和营养品质降低速率呈现出先快后慢的规律，且影响干燥速率的主要环境因子为大气水势（负相关）>太阳辐射强度（正相关）>土壤温度（正相关）>气温（正相关）>空气相对湿度（负相关）；主要的营养指标变化规律为：蛋白质指标（粗蛋白、可溶性蛋白、中性洗涤不溶蛋白和瘤胃降解蛋白）降低了23.85%~69.43%，纤维指标（中性洗涤纤维、酸性洗涤纤维和木质素）升高了26.21%~61.82%，相对饲用价值降低了34.42%。

5.2 创新

（1）利用 Illumina 高通量测序平台分别对两个品种苜蓿叶片、同一品种的3个生育期苜蓿叶片进行了深度测序，构建了全面高质量的转录组数据库。

（2）首次利用转录组技术开展影响苜蓿落叶的研究，筛选出控制苜蓿落叶的关键基因，并进行了qRT-PCR验证。

（3）将分子生物学手段应用到草产品加工领域，并结合苜蓿干草调制试验，找到了影响苜蓿营养品质的关键基因和关键环境因子，从而为优质苜蓿干草调制提供理论依据。

6　展望

　　本书对不同苜蓿品种的落叶性、不同生育期苜蓿的营养品质差异性以及影响苜蓿干草调制的关键因素开展了较为系统的研究，同时借助转录组技术筛选了控制苜蓿落叶和营养品质的关键候选基因，并对转录组数据的可靠性进行了 qRT-PCR 验证。研究结果为优质苜蓿干草调制提供理论依据，在此研究基础上，今后将会继续开展以下研究：

　　（1）本书研究的不同品种、不同生育期苜蓿转录组数据库包含大量的生物学信息，涉及了很多其他代谢过程，如发育过程、表型差异（叶片大小、叶片与分枝数量、花期长短）、非常规营养成分合成代谢等，可以为从分子水平研究苜蓿的其他优势性状提供大量信息。

　　（2）利用转录组技术筛选出控制苜蓿落叶和营养品质的候选基因，进一步通过原核表达或构建载体并转化相关模式植物，对相关候选基因进行功能验证，从而为低落叶和高品质苜蓿新品种的培育提供更有力的理论依据。

　　（3）苜蓿落叶是一个复杂的生物学过程，其性状差异除了受内源激素影响，还受外界环境因素的影响，而目前关于苜蓿落叶的调控机制尚不明确，因此，今后可以围绕这些方面开展研究。

　　（4）关于环境因子对苜蓿干草营养品质影响的研究，由于外界环境的不可控性，后续需要在实验室可控的环境中，逐个验证各环境因子与苜蓿营养品质、干燥速率的相关性。

参考文献

[1] Quiros C F, Bauchan G R. The genus *Medicago* and the origin of the *Medicago sativa* complex［J］. Agronomy, 1988: 93–124.

[2] 张晓娜. 苜蓿助干机制及添加剂贮藏技术的研究［D］. 呼和浩特: 内蒙古农业大学, 2010.

[3] Smith S E, Al–Doss A, Warburton M. Morphological and agronomic variation in north african and arabian alfalfas［J］. Crop Science, 1991 (5): 1159–1163.

[4] 王庆锁. 中国苜蓿产业化发展战略和主要栽培技术研究［D］. 北京: 中国农业科学院, 1999.

[5] 郭志明. 苜蓿干草不同添加量对奶牛产奶量和乳脂率的影响［J］. 畜牧兽医杂志, 2010, 29 (3): 20–21.

[6] 成启明, 格根图, 项锴峰, 等. 柠条与玉米秸秆混合微贮及其组合效应［J］. 草业科学, 2018, 35 (7): 1780–1789.

[7] 成启明, 格根图, 撒多文, 等. 不同品种紫花苜蓿转录组分析及营养品质差异的探讨［J］. 草业学报, 2019, 28 (10): 199–208.

[8] 高安社, 章祖同, 安玉亮. 六种调制牧草方法的模糊综合评价［J］. 中国草地, 1996 (2): 56–59.

[9] 杨丽, 徐安凯. 苜蓿的营养、饲喂方式及其在畜牧业中的应用［J］. 吉林农业科学, 2008 (2): 40–42.

[10] 王常慧, 董宽虎, 赵祥. 生产优质苜蓿草粉的加工技术与市场开发［J］. 中国饲料, 2002 (18): 29–30.

[11] 陈艳. 七个苜蓿品种不同农艺性状与产量的相关性研究［J］. 内蒙古林业调查设计, 2019, 42 (5): 76–78.

[12] Malinowski D P, Belesky D P, Fedders J. Photosynthesis of White Clover

(*Trifolium Repens* L.) germplasms with contrasting leaf size ［J］. Photosynthetica, 1998, 35（3）: 419-427.

[13] 肖燕子. 不同苜蓿品种产量、品质评价及优选品种密度与肥料效应的研究 ［D］. 呼和浩特: 内蒙古农业大学, 2016.

[14] Cheng Q M, Bai S Q, Ge G, et al. Study on differentially expressed genes related to defoliation traits in two alfalfa varieties based on RNA-Seq ［J］. BMC Genomics, 2018, 19（807）.

[15] Lloveras J, Ferran J, Alvarez A, et al. Harvest management effects on alfalfa (*Medicago sativa* L.) production and quality in Mediterranean areas ［J］. Grass and Forage Science, 1998, 53（1）: 88-92.

[16] 尹强. 苜蓿干草调制贮藏技术时空异质性研究 ［D］. 呼和浩特: 内蒙古农业大学, 2013.

[17] 刘丽英. 苜蓿干燥过程中环境因子对营养物质的影响机制及田间调控策略研究 ［D］. 呼和浩特: 内蒙古农业大学, 2018.

[18] 董宁. 牧草进口产品成本及进口价格分析 ［D］. 泰安: 山东农业大学, 2018.

[19] 张洁冰, 南志标, 唐增. 美国苜蓿草产业成功经验对甘肃省苜蓿草产业之借鉴 ［J］. 草业科学, 2015, 32（8）: 1337-1343.

[20] 卢欣石. 中国苜蓿产业发展问题 ［J］. 中国草地学报, 2013, 35（5）: 1-5.

[21] 张静. 我国牧草加工企业发展现状分析及对策 ［D］. 呼和浩特: 内蒙古农业大学, 2019.

[22] 孙启忠, 宁布, 李志勇, 王育青. 抓住机遇推进苜蓿产业化进程 ［J］. 中国农业科技导报, 2003（1）: 67-70.

[23] 郭正刚, 张自和, 肖金玉, 等. 黄土高原丘陵沟壑区紫花苜蓿品种间根系发育能力的初步研究 ［J］. 应用生态学报, 2002（8）: 1007-1012.

[24] 王俊平. 紫花苜蓿草产量与品质调控的研究 ［D］. 北京: 中国农业大学, 2003.

[25] 杨海青. 紫花苜蓿的营养成分分析 ［J］. 畜牧兽医科学, 2017（11）: 91.

[26] 柯文灿. 不同种类添加剂对紫花苜蓿青贮脂肪酸和蛋白质降解的影响 ［D］. 兰州: 兰州大学, 2015.

[27] Messman M A，Weiss W P，Koch M E. Changes in total and individual proteins during drying，ensiling，and ruminal fermentation of forages［J］. Journal of Dairy Science，1994，77（2）：492–500.

[28] 郑宇慧，李胜利，Weiss W P，St-Pierre N R，Willett L B. 粗饲料种类、可代谢蛋白质浓度、碳水化合物来源对奶牛养分消化率及生产性能的影响［J］. 中国畜牧杂志，2018，54（11）：149–156.

[29] 景康康，师尚礼，王小珊，等. 蓟马为害对不同品种苜蓿体内可溶性蛋白和丙二醛含量的影响［J］. 草原与草坪，2013，33（3）：57–61.

[30] Wassie M，Zhang W，Zhang Q，et al. Effect of heat stress on growth and physiological traits of alfalfa（*Medicago sativa* L.）and a comprehensive evaluation for heat tolerance［J］. Agronomy-Basel，2019，9（59710）.

[31] Coblentz W K，Brink G E，Martin N P，et al. Harvest timing effects on estimates of rumen degradable protein from alfalfa forages［J］. Crop Science，2008，48（2）：778–788.

[32] Yari M，Valizadeh R，Naserian A A，et al. Effects of including alfalfa hay cut in the afternoon or morning at three stages of maturity in high concentrate rations on dairy cows performance，diet digestibility and feeding behavior［J］. Animal Feed Science and Technology，2014：62–72.

[33] Bozickovic A，Grubic G，Djordjevic N，et al. Changes in alfalfa cell wall structure during vegetation［J］. Journal of Agricultural Sciences Belgrade，2014，59（3）：275–286.

[34] Trowell H. Ischemic heart disease and dietary fiber［J］. The American Journal of Clinical Nutrition，1972，25（9）：926–932.

[35] Cummings J H. Dietary fiber and large bowel-cancer［J］. Proceedings of the Nutrition Society，1981（1）：7–14.

[36] Van Soest P J. Use of detergents in the analysis of fibrous feeds. VI. Determination of plant cell-wall constituents［J］. Journal of the Association of Official Analytical Chemists，1967：50–55.

[37] Yari M，Valizadeh R，Ali Nnaserian A，Jonker A，Yu P. Carbohydrate and lipid spectroscopic molecular structures of different alfalfa hay and their relationship

with nutrient availability in ruminants ［J］. Asian–Australasian Journal of Animal Sciences, 2017（11）: 1575–1589.

[38] Mansfield H R, Endres M I, Stern M D. Influence of non–fibrous carbohydrate and degradable intake protein on fermentation by ruminal microorganisms in continuous culture ［J］. Journal of Animal Science, 1994（9）: 2464–2474.

[39] Earing J E, Hathaway R M, Sheaffer C C, et al. Effect of hay steaming on forage nutritive values and dry matter intake by horses ［J］. Journal of Animal Science, 2013（12）: 5813–5820.

[40] Hollis M E, Pate R T, Sulzberger S, et al. Improvements of in situ degradability of grass hay, wet brewer's grains, and soybean meal with addition of clay in the diet of Holstein cows ［J］. Animal Feed Science and Technology, 2020, 259: 114331.

[41] Li P, Ji S, Wang Q, et al. Adding sweet potato vines improve the quality of rice straw silage ［J］. Animal Science Journal, 2017, 88（4）: 625–632.

[42] Sun Y, Allen M S, Lock A L. Culture pH interacts with corn oil concentration to affect biohydrogenation of unsaturated fatty acids and disappearance of neutral detergent fiber in batch culture ［J］. Journal of Dairy Science, 2019, 102（11）: 9870–9882.

[43] Lee M, Hwang S, Chiou P W. Metabolizable energy of roughage in Taiwan ［J］. Small Ruminant Research, 2000, 36（3）: 251–259.

[44] Old C A, Oltjen J W, Miller J R, et al. Reliability of in vivo, in vitro, in silico, and near infrared estimates of pure stand alfalfa hay quality: Component degradability and metabolizability of energy ［J］. The Professional Animal Scientist, 2016（4）: 470–483.

[45] 朱圣陶, 吴坤. 蛋白质营养价值评价——氨基酸比值系数法［J］. 营养学报, 1988（2）: 187–190.

[46] 董洁. 紫花苜蓿浓缩单宁合成途径中DFR和ANR基因的分离及遗传转化 ［D］. 北京: 中国农业科学院, 2012.

[47] 吴芳. 61份俄罗斯百脉根种质材料饲用性能及光合特性研究 ［D］. 兰州: 甘肃农业大学, 2018.

[48] 刘世亮，等. 喷施亚硒酸钠对紫花苜蓿干草产量和品质的影响［J］. 草业科学，2008（8）：73-78.

[49] 中华人民共和国农业部. NY/T 1574—2007.中国标准书号［S］. 北京：中国标准出版社，2007.

[50] Schnherr J. Water permeability of isolated cuticular membranes：The effect of pH and cations on diffusion, hydrodynamic permeability and size of polar pores in the cutin matrix［J］. Planta, 1976（2）：113-126.

[51] 中华人民共和国农业部. NY/T 1170—2020. 中国标准书号［S］. 北京：中国标准出版社，2020.

[52] 王志锋，徐安凯，周艳春，等. 34份苜蓿品种产草量和品质动态研究［J］. 吉林农业科学，2006（6）：48-50.

[53] 孙建华，王彦荣，余玲. 紫花苜蓿品种间产量性状评价［J］. 西北植物学报，2004（10）：1837-1844.

[54] 王鑫，马永祥，李娟. 紫花苜蓿营养成分及主要生物学特性［J］. 草业科学，2003（10）：39-41.

[55] 刘鹰昊. 苜蓿干草捆品质对加工方式与贮藏条件响应机制的研究［D］. 呼和浩特：内蒙古农业大学，2018.

[56] 赵燕梅，钟华，崔志文，等. 不同品种、刈割时期苜蓿的营养特性［J］. 草业与畜牧，2015（1）：17-22.

[57] 于辉，姚江华，刘荣，等. 四个紫花苜蓿品种草产量、营养品质及越冬率的综合评价［J］. 中国草地学报，2010，32（3）：108-111.

[58] 康俊梅，杨青川，郭文山，等. 北京地区10个紫花苜蓿引进品种的生产性能研究［J］. 中国草地学报，2010，32（6）：5-10.

[59] 高微微，佟建明，李展，等. 不同品种紫花苜蓿中总皂苷含量的比较研究［J］. 中国农学通报，2006（2）：191-194.

[60] 袁柱，孙彦，陆继肖，等. 不同品种苜蓿青贮总皂苷含量变化的研究［J］. 草地学报，2015，23（1）：194-199.

[61] 孙娟娟，阿拉木斯，赵金梅，等. 6个紫花苜蓿品种氨基酸组成分析及营养价值评价［J］. 中国农业科学，2019，52（13）：2359-2367.

[62] 许庆方，崔志文，张翔，等. 不同品种苜蓿青贮的研究：中国畜牧兽医学会

动物营养学分会第八届全国会员代表大会暨第十次动物营养学术研讨会，中国浙江杭州，2008［C］.

[63] Strbanovic R，Stanisavljevic R，Dukanovic L，et al. Variability and correlation of yield and forage quality in alfalfa varieties of different origin［J］. Tarim Bilimleri Dergisi，2017（1）：128-137.

[64] 洪绂曾. 草业与西部大开发［M］. 北京：中国农业出版社，2001.

[65] Mirzaei-Aghsaghali A，Maheri-Sis N，Mirza-Aghazadeh A，et al. Nutritional value of alfalfa varieties for ruminants with emphasis on different measuring methods：A review［J］. Research Journal of Biological Sciences，2012.

[66] Akin D E，Robinson E L，Barton F E，et al. Changes with maturity in anatomy，histochemistry，chemistry，and tissue digestibility of bermudagrass plant parts［J］. Journal of Agricultural and Food Chemistry，2002（1）：179-186.

[67] Ballard R A，Simpson R J，Pearce G R. Losses of the digestible components of annual ryegrass（*Lolium rigidum* Gaudin）during senescence［J］. Australian Journal of Agricultural Research，1990，41（4）：719.

[68] 刘振宇. 紫花苜蓿合理收获及晒制打捆技术［J］. 当代畜牧，2001（4）：23-25.

[69] 胡耀高. 走以草业生产为中心的饲料蛋白质生产道路［J］. 草业科学，1992（4）：49-53.

[70] Jefferson P G，Gossen B D. Fall harvest management for irrigated alfalfa in southern Saskatchewan［J］. Canadian Journal of Plant Science，1992（4）：1183-1191.

[71] Palmonari A，Fustini M，Canestrari G，et al. Influence of maturity on alfalfa hay nutritional fractions and indigestible fiber content［J］. Journal of Dairy Science，2014（12）：7729-7734.

[72] Morrison I M. Changes in the biodegradability of ryegrass and legume fibres by chemical and biological pretreatments［J］. Journal of the Science of Food & Agriculture，1991，54（4）：521-533.

[73] 范文强. 基于蛋白质组学和代谢组学分析苜蓿营养品质变化机制［D］. 呼和浩特：内蒙古农业大学，2018.

[74] Addicott F T, Carns H R, Cornforth J W, et al. Abscisic acid: a proposal for the redesignation of abscisin Ⅱ (dormin) [M] // Wightman F, Seterfield G. Biochemistry and Physiology of Plant Growth Substances. Ottawa: Runge Press, 1968.

[75] Kepinski S, Leyser O. Scf-mediated proteolysis and negative regulation in ethylene signaling [J]. Cell, 2003, 115 (6).

[76] Burg S P. Ethylene in plant growth [J]. Proceedings of the National Academy of Sciences of the United States of America, 1973, 70 (2): 591-597.

[77] Argueso C T, Hansen M, Kieber J J. Regulation of ethylene biosynthesis [J]. Journal of Plant Growth Regulation, 2007, 26 (2): 92-105.

[78] Abeles F B, Morgan P W, Saltveit San Diego M E. Academic press [J]. Cell, 1992, 72 (1): 11-12.

[79] Fluhr R, Mattoo A K, Dilley D R. Ethylene-Biosynthesis and perception [J]. Critical Reviews in Plant Sciences, 1996, 15 (5-6): 479-523.

[80] Kende H. Ethylene Biosynthesis [J]. Annual Review of Plant Physiology and Plant Molecular Biology, 1993: 283-307.

[81] Yang S Y, Hoffman N E. Ethylene biosynthesis and its regulation in higher plants [J]. Annual Review of Plant Biology, 1984: 155-189.

[82] Addicott F T. Abscisic acid [M]. NewYork: Praeger, 1983: 171-335.

[83] Milborrow B V. Inhibitors, in advanced plant physiology [M]. London: Willins. M B. Ed. Pitman, 1984: 77-110.

[84] Osborne D J. Abscission [J]. CRC Critical Reviews in Plant Sciences, 1989, 8: 103-129.

[85] Shchebarskova Z S, Kipaeva E G, Kadraliev D S. Productivity of alfalfa varieties in the lower volga region [J]. Russian Agricultural Sciences, 2017 (5): 381-383.

[86] 尹强, 武海霞, 王志军, 等. 环境因子对苜蓿田间自然干燥的影响 [J]. 草地学报, 2013, 21 (1): 188-195.

[87] 曹致中. 草产品学 [M]. 北京: 中国农业出版社, 2005.

[88] 侯武英. 浅谈苜蓿干草收获技术 [J]. 农村牧区机械化, 2003 (3): 16-18.

[89] Thinguldstad B, Tucker J J, Baxter L, et al. Impact of potassium application and harvest regime in alfalfa yield, forage quality and stand persistence in South Georgia [J]. Journal of Animal Science, 2019 (1): 33.

[90] 郑先哲, 王建英, 董航飞. 干燥条件对苜蓿品质指标的影响 [J]. 东北农业大学学报, 2009, 40 (6): 101-105.

[91] Cash D, Bowman H F. Alfalfa hay quality testing [R]. Montguide Agriculture, 1960.

[92] 郝璐, 高景民, 杨春燕. 内蒙古天然草地退化成因的多因素灰色关联分析 [J]. 草业学报, 2006 (6): 26-31.

[93] 张鸭关, 薛世明, 匡崇义, 等. 云南北亚热带冬闲田引种优良牧草的灰色关联度分析与综合评价 [J]. 草业学报, 2007 (3): 69-73.

[94] Collins M. Wetting and maturity effects on the yield and quality of legume Hay [J]. Agronomy Journal, 1983 (3): 523-527.

[95] Velculescu V E, Zhang L, Zhou W, et al. Characterization of the yeast transcriptome [J]. Cell, 1997, 88 (2): 243-251.

[96] Lockhart D J, Winzeler E A. Genomics, gene expression and DNA arrays [J]. Nature, 2000, 405 (6788): 827-836.

[97] Lu T, Lu G, Fan D, et al. Function annotation of the rice transcriptome at single-nucleotide resolution by RNA-seq [J]. Genome Research, 2010, 20 (9): 1238-1249.

[98] Wang Z, Fang B, Chen J, et al. *De novo* assembly and characterization of root transcriptome using illumina paired-end sequencing and development of cSSR markers in sweetpotato (*Ipomoea batatas*) [J]. BMC Genomics, 2010, 11 (1): 726.

[99] Zhang J, Liang S, Duan J, et al. *De novo* assembly and characterisation of the Transcriptome during seed development, and generation of genic-SSR markers in Peanut (*Arachis hypogaea* L.) [J]. BMC Genomics, 2012, 13 (1): 90.

[100] Bakel H, Stout J M, Cote A G. The draft genome and transcriptome of *Cannabis sativa* [J]. Genome Biology, 2011, 12 (10).

[101] Kim M Y, Lee S, Van K, et al. Whole-genome sequencing and intensive

analysis of the undomesticated soybean (*Glycine soja* Sieb. and Zucc.) genome ［ J ］. Proceedings of the National Academy of Sciences of the United States of America, 2010, 107 (51): 22032–22037.

[102] Xu X, Pan S, Cheng S. Genome sequence and analysis of the tuber crop potato ［ J ］. Nature, 2011, 475 (7355): 189–194.

[103] Wang X, Wang H, Wang J. The genome of the mesopolyploid crop species *Brassica rapa* ［ J ］. Nature Genetics, 2011, 43 (10): 1035–1157.

[104] Young N D, Debelle F, Oldroyd G E D. The Medicago genome provides insight into the evolution of rhizobial symbioses ［ J ］. Nature, 2011, 480 (7378): 520–524.

[105] 余丽霞. 离子束诱导天竺葵花色突变体的变异机理研究 ［ D ］. 北京: 中国科学院研究生院（近代物理研究所）, 2016.

[106] Vera J C, Wheat C W, Fescemyer H W, et al. Rapid transcriptome characterization for a nonmodel organism using 454 pyrosequencing ［ J ］. Molecular Ecology, 2008, 17 (7): 1636–1647.

[107] Trick M, Long Y, Meng J, et al. Single nucleotide polymorphism (SNP) discovery in the polyploid Brassica napus using Solexa transcriptome sequencing ［ J ］. Plant Biotechnology Journal, 2009, 7 (4): 334–346.

[108] Iorizzo M, Senalik D A, Grzebelus D, et al. *De novo* assembly and characterization of the carrot transcriptome reveals novel genes, new markers, and genetic diversit ［ J ］. BMC Genomics, 2011, 12 (389): 1471–2164.

[109] Liu M, Qiao G, Jiang J, et al. Transcriptome sequencing and *de novo* analysis for Ma Bamboo (*Dendrocalamus latiflorus* Munro) using the illumina platform ［ J ］. Plos One, 2012 (10): 2–11.

[110] Yang Y, Xu M, Luo Q, et al. *De novo* transcriptome analysis of *Liriodendron chinense* petals and leaves by illumina sequencing ［ J ］. Gene, 2014, 534 (2): 155–162.

[111] 袁灿, 彭芳, 钟文娟, 等. 赶黄草的转录组测序及分析 ［ J ］. 中草药, 2017, 48 (21): 4507–4514.

[112] 李巍. 基于转录组学的紫花苜蓿抗寒分子机制研究 ［ D ］. 哈尔滨: 哈尔

滨师范大学，2018.

[113] Liu Z Y, Baoyin T, Li X L, et al. How fall dormancy benefits alfalfa winter-survival? Physiologic and transcriptomic analyses of dormancy process ［J］. BMC Plant Biology, 2019, 19（1）: 205.

[114] 江超. 紫花苜蓿耐盐生理特性及转录组分析［D］. 泰安: 山东农业大学, 2014.

[115] 马进, 郑钢. 南方型紫花苜蓿叶片盐胁迫应答基因鉴定与分析［J］. 农业生物技术学报, 2015, 23（12）: 1531-1541.

[116] 王晓娜. 根蘖型苜蓿（*Medicago varia*）差异表达基因分析及根蘖性状发生分子机制研究［D］. 北京: 北京林业大学, 2011.

[117] 赵劲博, 侯向阳, 武自念, 等. 不同刈割强度下羊草转录组研究［J］. 草业学报, 2018, 27（2）: 105-116.

[118] 田青松, 田文坦, 李婷婷, 等. 基于转录组分析的大针茅响应羊啃食的基因表达［J］.中国草地学报, 2017, 39（3）: 1-7.

[119] 张曼.C4原型的培育策略［D］. 济南: 山东师范大学, 2015.

[120] 樊文娜. 调控苜蓿秋眠的miRNA的筛选及光信号、糖代谢途径关键基因的研究［D］. 郑州: 河南农业大学, 2015.

[121] 马进, 郑钢. 利用转录组测序技术鉴定紫花苜蓿根系盐胁迫应答基因［J］.核农学报, 2016, 30（8）: 1470-1479.

[122] 张婧蕾, 李佳赟, 王依纯, 等. 南方型紫花苜蓿耐盐突变体叶片盐胁迫应答差异基因鉴定与分析［J］. 农业生物技术学报, 2017, 25（10）: 1588-1599.

[123] 刘佳月. 紫花苜蓿与黄花苜蓿抗旱转录组学研究［D］. 北京: 中国农业科学院, 2018.

[124] 郭强, 王英哲, 王昆, 等. 基于转录组测序对紫花苜蓿铅胁迫相关基因的富集分析［J］.草业科学, 2019, 36（10）: 2525-2534.

[125] 陈晶晶, 王英哲, 郭强, 等. 基于转录组测序对紫花苜蓿细胞质雄性不育系相关代谢通路的鉴定［J］. 西北农林科技大学学报（自然科学版）, 2019, 47（8）: 31-36.

[126] 刘希强, 张涵, 龚攀, 等. 紫花苜蓿不同发育时期次生壁合成调控的转录

组分析 [J]. 中国农业科学，2018，51（11）：2049-2059.

[127] 杨琼. 近红外光谱法定量分析及其应用研究 [D]. 重庆：西南大学，2009.

[128] 国家市场监督管理总局. GB/T 18246—2019 [S]. 2019.

[129] 高微微. 苜蓿生物活性及影响其黄酮和皂苷成分因素的研究 [D]. 北京：中国协和医科大学，2004.

[130] 中国国家标准化管理委员会. GB/T 27985—2011 [S]. 2011.

[131] 孙万斌，冯刚刚，马晖玲，等.不同紫花苜蓿品种在甘肃荒漠绿洲灌区和半干旱灌区的灰色关联度综合评价 [J].甘肃农业大学学报，2017，52（5）：73-82.

[132] Grabherr M G，Haas B J，Yassour M. Full-length transcriptome assembly from RNA-Seq data without a reference genome [J]. Nature Biotechnology，2011（7）：130-644.

[133] Mortazavi A，Williams B A，McCue K，et al. Mapping and quantifying mammalian transcriptomes by RNA-Seq [J]. Nature Methods，2008（7）：621-628.

[134] Reiner A，Yekutieli D，Benjamini Y. Identifying differentially expressed genes using false discovery rate controlling procedures [J]. Bioinformatics，2003，19（3）：368-375.

[135] Conesa A，Goetz S，Garcia-Gomez J M，et al. Blast2GO：a universal tool for annotation，visualization and analysis in functional genomics research [J]. Bioinformatics，2005，21（18）：3674-3676.

[136] Ye J，Fang L，Zheng H，et al. WEGO：a web tool for plotting GO annotations [J]. Nucleic Acids Research，2006，34（2）：293-297.

[137] 李曹娜. 反义4CL基因转化紫花苜蓿调控木质素生物合成的研究 [D]. 沈阳：辽宁大学，2015.

[138] Blacklock B J，Jaworski J G. Studies into factors contributing to substrate specificity of membrane-bound 3-ketoacyl-CoA synthases [J]. European Journal of Biochemistry，2002，269（19）：4789-4798.

[139] Brown A P，Affleck V，Fawcett T，et al. Tandem affinity purification tagging of

fatty acid biosynthetic enzymes in Synechocystis sp. PCC6803 and *Arabidopsis thaliana*〔J〕. Journal of Experimental Botany, 2006, 57（7）: 1563-1571.

[140] Konishi T, Shinohara K, Yamada K, et al. Acetyl-CoA carboxylase in higher plants: most plants other than gramineae have both the prokaryotic and the eukaryotic forms of this enzyme〔J〕. Plant and Cell Physiology, 1996, 37（2）: 117-122.

[141] Singh S C, Sinha R P, Hader D P. Role of lipids and fatty acids in stress tolerance in cyanobacteria〔J〕. Acta Protozoologica, 2002, 41（4）: 297-308.

[142] 王倩. 拟南芥脂肪酸代谢相关基因的克隆与功能分析〔D〕. 杨凌: 西北农林科技大学, 2014.

[143] Wang C Y, Zhang S, Yu Y, et al. MiR397b regulates both lignin content and seed number in Arabidopsis via modulating a laccase involved in lignin biosynthesis〔J〕. Plant Biotechnology Journal, 2014, 12（8）: 1132-1142.

[144] Smidansky Smidansky E D, Clancy M, Meyer F D, et al. Enhanced ADP-glucose pyrophosphorylase activity in wheat endosperm increases seed yield〔J〕. Proceedings of the National Academy of Sciences, 2002, 99（3）: 1724-1729.

[145] Yu T S, Zeeman S C, Thorneycroft D, et al. α-Amylase is not required for breakdown of transitory starch in *Arabidopsis* leaves〔J〕. Journal of Biological Chemistry, 2005, 280（11）: 9773-9779.

[146] 王佳佳. 甘薯淀粉含量与代谢关键酶基因表达差异性研究〔D〕. 重庆: 西南大学, 2018.

[147] Nakamura Y, Utsumi Y, Sawada T, et al. Characterization of the reactions of starch branching enzymes from rice endosperm〔J〕. Plant and Cell Physiology, 2010, 51（5）: 776-794.

[148] 周会. 玉米发育胚乳的酵母双杂交cDNA文库及诱饵载体的构建〔D〕. 雅安: 四川农业大学, 2007.

[149] Mizuno K, Kobayashi E, Tachibana M, et al. Characterization of an isoform

of rice starch branching enzyme, RBE4, in developing seeds［J］. Plant and Cell Physiology, 2001, 42（4）: 349–357.

[150] Micallef B J, Haskins K A, Vanderveer P J, et al. Altered photosynthesis, flowering, and fruiting in transgenic tomato plants that have an increased capacity for sucrose synthesis［J］. Planta, 1995, 196（2）: 327–334.

[151] Schäfer W E, Rohwer J M, Botha F C. Partial purification and characterisation of sucrose synthase in sugarcane［J］. Journal of Plant Physiology, 2005, 162（1）: 11–20.

[152] Fu T M, Almqvist J, Liang Y H, et al. Crystal structures of cobalamin–independent methionine synthase（MetE）from Streptococcus mutans: a dynamic zinc–inversion model［J］. Journal of Molecular Biology, 2011, 412（4）: 688–697.

[153] Long Y, Tsai W B, Wang D, et al. Argininosuccinate synthetase 1（ASS1）is a common metabolic marker of chemosensitivity for targeted arginine–and glutamine–starvation therapy［J］. Cancer letters, 2017, 388: 54–63.

[154] Kusano M, Tabuchi M, Fukushima A, et al. Metabolomics data reveal a crucial role of cytosolic glutamine synthetase 1; 1 in coordinating metabolic balance in rice［J］. The Plant Journal, 2011, 66（3）: 456–466.

[155] Rosa B, Marchetti M, Paredi G, et al. Combination of SAXS and protein painting discloses the three–dimensional organization of the bacterial cysteine synthase complex, a potential target for enhancers of antibiotic action［J］. International Journal of Molecular Sciences, 2019, 20（20）: 5219.

[156] Haque M R, Hirowatari A, Saruta F, et al. Molecular survey of the phosphoserine phosphatase involved in L–serine synthesis by silkworms（*Bombyx mori*）［J］. Insect Molecular Biology, 2020, 29（1）: 48–55.

[157] Etschmann M M W, Kötter P, Hauf J, et al. Production of the aroma chemicals 3–（methylthio）–1–propanol and 3–（methylthio）–propylacetate with yeasts［J］. Applied Microbiology and Biotechnology, 2008, 80（4）: 579–587.

[158] 董涛. 氨基酰化酶交联聚集体的制备及其催化性能研究［D］. 天津: 天

津大学，2010.

[159] Xie D Y, Sharma S B, Paiva N L, et al. Role of anthocyanidin reductase, encoded by BANYULS in plant flavonoid biosynthesis [J]. Science, 2003, 299 (5605): 396-399.

[160] 陈积山，李锦华，常根柱，等.苜蓿根系形态结构的分形分析 [J].湖南农业科学，2010，（2）：40-42.

[161] 杨培志.二十二个紫花苜蓿品种生张早期的比较研究 [D].杨凌：西北农林科技大学，2003.

[162] 王成章，徐向阳，杨雨鑫，等. 不同紫花苜蓿品种引种试验研究 [J].西北农林科技大学学报（自然科学版），2002（3）：29-31.

[163] 韩清芳. 不同苜蓿（Medicago Sativa）品种抗逆性、生产性能及品质特性研究 [D].杨凌：西北农林科技大学，2003.

[164] 王成章.国内外十种紫花苜蓿生产性能比较研究 [C].中国草学会、中国畜牧业协会.第二届中国苜蓿发展大会论文集——S03苜蓿栽培、加工与利用.中国草学会、中国畜牧业协会：中国畜牧业协会，2003：61-68.

[165] 何云，霍文颖，张海棠，等. 紫花苜蓿的营养价值及其影响因素 [J].安徽农业科学，2007（11）：3243-3244，3259.

[166] Howarth R. Antiquality factors and nonnutritive chemical components [J]. Agronomy, 1988.

[167] Mizrachi E, Hefer C A, Ranik M, et al. De novo assembled expressed gene catalog of a fast-growing Eucalyptus tree produced by Illuminam RNA-Seq [J]. BMC Genomics, 2010, 11 (681).

[168] Gahlan P, Singh H R, Shankar R, et al. De novo sequencing and characterization of Picrorhiza kurrooa transcriptome at two temperatures showed major transcriptome adjustments [J]. BMC Genomics, 2012, 13 (126): 1471-2164.

[169] 张森浩.秋眠及非秋眠紫花苜蓿转录组测序及秋眠相关差异基因的筛选 [D].郑州：河南农业大学，2013.

[170] 陈林，李龙娜，戴亚平，等.短丝木犀转录组测序及类胡萝卜素生物合成相关基因表达分析 [J].南京林业大学学报（自然科学版），2016，40

（5）：21-28.

[171] Mu H N, Li H G, Wang L G, et al. Transcriptome sequencing and analysis of sweet osmanthus（*Osmanthus fragrans* Lour.）［J］. Genes Genomics，2014，36（6）：777-788.

[172] 李清莹，仲崇禄，姜清彬，等. 火力楠转录组测序与组织差异表达基因分析［J］. 分子植物育种，2017，15（11）：4396-4404.

[173] 吴昕怡，严媛，刘小莉. 基于高通量测序的青叶胆转录组研究［J］. 中国现代应用药学，2018，35（3）：363-369.

[174] 齐晓. 紫花苜蓿在转录组水平响应低温胁迫的差异表达基因研究［D］. 北京：中国农业科学院，2017.

[175] Lim P O, Kim H J, Nam H G. Leaf senescence［J］. Annu Rev Plant Biol. 2007；58：115-136.

[176] Guo Y, Gan S. Leaf senescence：signals，execution，and regulation. In current topics in developmental biology（Schatten，G.P.，ed.）New York：Academic Press，pp. 2005，83-112.

[177] Lieberman M. Biosynthesis and action of ethylene［J］. Annu Rev Plant Biol，1979，30：533-591.

[178] Yuan R. Effects of temperature on fruit thinning with ethephon in 'Golden Delicious' apples［J］. Sci Hortic-Amsterdam，2007，113：8-12.

[179] Zhu H, Dardick C D, Beers E P, et al. Transcriptomics of shading-induced and NAA-induced abscission in apple（*Malus domestica*）reveals a shared pathway involving reduced photosynthesis，alterations in carbohydrate transport and signaling and hormone crosstalk［J］. BMC Plant Biol，2011，11：138.

[180] De Smet I, Signora L, Beeckman T, et al. An abscisic acid-sensitive checkpoint in lateral root development of *Arabidopsis*［J］. The Plant J，2003，33：543-555.

[181] Lefebvre V, North H, Frey A, et al. Functional analysis of *Arabidopsis* NCED6 and NCED9 genes indicates that ABA synthesized in the endosperm is involved in the induction of seed dormancy［J］. The Plant J，2006，45：309-319.

[182] Tan B C, Schwartz S H, Zeevaart J A D, et al. Genetic control of abscisic acid biosynthesis in maize [J]. PNAS, 1997, 94: 12235-12240.

[183] Qin X, Zeevaart J A D. The 9-cis-epoxycarotenoid cleavage reaction is the key regulatory step of abscisic acid biosynthesis in water-stressed bean [J]. PNAS, 1999, 96: 15354-15361.

[184] Tan B, Joseph L M, Deng W, et al. Molecular characterization of the *Arabidopsis* 9-cis epoxycarotenoid dioxygenase gene family [J]. The Plant J, 2003, 35: 44-56.

[185] Iuchi S, Kobayashi M, Taji T, et al. Regulation of drought tolerance by gene manipulation of 9-cis-epoxycarotenoid dioxygenase, a key enzyme in abscisic acid biosynthesis in *Arabidopsis* [J]. The Plant J, 2001, 24 (4): 325-333.

[186] Thompson A J, Jackson A C, Symonds R C, et al. Ectopic expression of a tomato 9-cis-epoxycarotenoid dioxygenase gene causes over-production of abscisic acid [J]. The Plant J, 2000, 23 (3): 363-374.

[187] Chang C, Stadler R. Ethylene hormone receptor action in *Arabidopsis* [J]. Bioessays, 2001, 23: 619-627.

[188] Chang C, Kwok S F, Bleecker A B, et al. *Arabidopsis* ethylene-response gene ETR1: similarity of product to two-component regulators [J]. Science, 1993, 262 (22): 539-544.

[189] Sakai H, Hua J, Chen Q G, et al. ETR2 is an ETR1-like gene involved in ethylene signaling in *Arabidopsis* [J]. PNAS, 1998, 95: 5812-5817.

[190] O'Malley R C, Rodriguez F I, Esch J J, Binder BM, O'Donnell P, Klee HJ, Bleecker AB. Ethylene-binding activity, gene expression levels, and receptor system output for ethylene receptor family members from *Arabidopsis* and tomato [J]. The Plant J, 2005, 41: 651-659.

[191] Ulmasov T, Hagen G, Guilfoyle T J. Activation and repression of transcription by auxin-response factors [J]. PNAS, 1999, 96: 5844-5849.

[192] Ellis C M, Nagpal P, Young J C, et al. Auxin responsw factor1 and auxin response factor2 regulate senescence and floral organ abscission in *Arabidopsis*

thaliana［J］. Development, 2005, 132：4563–4574.

[193] Nagpal P, Ellis C M, Weber H, et al. Auxin response factors ARF6 and ARF8 promote jasmonic acid production and flower maturation［J］. Development, 2005, 132：4107–4118.

[194] Fedoroff N V. Cross–talk in abscisic acid signaling［J］. Sci Signal. 2002；（140）：10.

[195] Mizuno T, Yamashino T. Comparative transcriptome of diurnally oscillating genes and hormone–responsive genes in *Arabidopsis thaliana*：insight into circadian clock–controlled daily responses to common ambient stresses in plants［J］. Plant Cell Physiol, 2008, 49（3）：481–487.

[196] Robertson F C, Skeffington A W, Gardner M J, et al. Interactions between circadian and hormonal signalling in plants［J］. Plant Mol Biol, 2009, 69：419–427.

[197] Edwards K D, Akman O E, Knox K, et al. Quantitative analysis of regulatory flexibility under changing environmental conditions［J］. Mol Syst Biol, 2010, 6：424.

[198] Umezawa T. Systems biology approaches to abscisic acid signaling［J］. J Plant Res, 2011, 124：539–548.

[199] 姬永连. 陇东紫花苜蓿主要生产性能研究［J］. 草原与草坪, 2003（2）：53–55.

[200] 符昕, 魏臻武, 耿小丽, 等. 早期刈割对苜蓿再生性的影响［J］. 草业科学, 2007, 24（3）：56–61.

[201] 韩路. 不同苜蓿品种的生产性能分析及评价［D］. 杨凌：西北农林科技大学, 2002.

[202] He Y, Qiu Q H, Shao T Q, et al. Dietary alfalfa and calcium salts of long–chain fatty acids alter protein utilization, microbial populations and plasma fatty acid profile in holstein freemartin heifers［J］. Journal of Agricultural and Food Chemistry, 2017, 65（50）：10859–10867.

[203] 李富娟, 玉永雄. 苜蓿蛋白质及影响苜蓿粗蛋白含量的主要因素［J］. 四川草原, 2006（2）：6–9.

[204] Lepelley M, Mahesh V, McCarthy J, et al. Characterization, high-resolution mapping and differential expression of three homologous PAL genes in coffea canephora pierre (*Rubiaceae*) [J]. Planta, 2012, 236 (1): 313-326.

[205] Kajita S, Katayama Y, Omori S. Alterations in the biosynthesis of lignin in transgenic plants with chimeric genes for 4-coumarate: coenzyme A ligase [J]. Plant and Cell Physiology, 1996, 37 (7): 957-965.

[206] Hoffmann L, Besseau S, Geoffroy P, et al. Silencing of hydroxycinnamoyl-coenzyme A shikimate/quinate hydroxycinnamoyltransferase affects phenylpropanoid biosynthesis [J]. The Plant Cell, 2004, 16 (6): 1446-1465.

[207] Goujon T, Ferret V, Mila I, et al. Down-regulation of the AtCCR1 gene in *Arabidopsis thaliana*: effects on phenotype, lignins and cell wall degradability [J]. Planta, 2003, 217 (2): 218-228.

[208] O' connell A, Holt K, Piquemal J, et al. Improved paper pulp from plants with suppressed cinnamoyl-CoA reductase or cinnamyl alcohol dehydrogenase [J]. Transgenic research, 2002, 11 (5): 495-503.

[209] Han L B, Li Y B, Wang H Y, et al. The dual functions of WLIM1a in cell elongation and secondary wall formation in developing cotton fibers [J]. The Plant Cell, 2013, 25 (11): 4421-4438.

[210] Boyes D C, Zayed A M, Ascenzi R, et al. Growth stage-based phenotypic analysis of *Arabidopsis*: a model for high throughput functional genomics in plants [J]. The Plant Cell, 2001, 13 (7): 1499-1510.

[211] Reddy M S S, Chen F, Shadle G, et al. Targeted down-regulation of cytochrome P450 enzymes for forage quality improvement in alfalfa (*Medicago sativa* L.) [J]. Proceedings of the National Academy of Sciences, 2005, 102 (46): 16573-16578.

[212] 王仕元, 白建海, 南丽丽.不同根型苜蓿碳代谢产物含量变化研究 [J]. 中国畜牧兽医文摘, 2014, 30 (2): 175-176.

[213] Singh R, Reynolds K A. Characterization of FabG and FabI of the Streptomyces coelicolor dissociated fatty acid synthase [J]. Chembiochem, 2015, 16 (4):

631–640.

[214] Bonaventure G, Salas J J, Pollard M R, et al. Disruption of the FATB gene in *Arabidopsis* demonstrates an essential role of saturated fatty acids in plant growth［J］. The Plant Cell, 2003, 15（4）: 1020–1033.

[215] 淮东欣. 调控超长链脂肪酸合成关键基因对植物种子中脂肪酸组成的影响［D］. 武汉: 华中农业大学, 2015.

[216] Barry T N, Reid T C, Millar K R, et al. Nutritional evaluation of kale（*Brassica oleracea*）diets: 2. Copper deficiency, thyroid function, and selenium status in young cattle and sheep fed kale for prolonged periods［J］. The Journal of Agricultural Science, 1981, 96（2）: 269–282.

[217] Azevedo R A, Lancien M, Lea P J. The aspartic acid metabolic pathway, an exciting and essential pathway in plants［J］. Amino acids, 2006, 30（2）: 143–162.

[218] Casper D P, Schingoethe D J. Protected methionine supplementation to a barley-based diet for cows during early lactation［J］. Journal of dairy science, 1988, 71（1）: 164–172.

[219] Tegeder M, Offler C E, Frommer W B, et al. Amino acid transporters are localized to transfer cells of developing pea seeds［J］. Plant Physiology, 2000, 122（2）: 319–326.

[220] Balde A T, Vandersall J H, Erdman R A, et al. Effect of stage of maturity of alfalfa and orchardgrass on in situ dry matter and crude protein degradability and amino acid composition［J］. Animal Feed Science and Technology, 1993, 44（1–2）: 29–43.

[221] Livingston A L, Allis M E, Kohler G O. Amino acid stability during alfalfa dehydration［J］. Journal of Agricultural and Food Chemistry, 1971, 19（5）: 947–950.

[222] 姜健, 杨宝灵, 王冰, 等. 苜蓿不同部位的氨基酸组成及含量分析［J］. 安徽农业科学, 2008（29）: 12643–12644, 12649.

[223] Namboodiri M A, Bhat S P, Ramasarma T. Increase in the activity of phenylalanine-4-hydroxylase on hypobaric stress［J］. Indian Journal of

Biochemistry & Biophysics，1978，15（3）：173.

[224] 陈春刚，韩芬霞. 生物类黄酮的研究与应用分析［J］. 安徽农业科学，2006，34（13）：2949-2951.

[225] Zhao G Y. Modulation of protein metabolism to mitigate nitrous oxide（N20）Emission from excreta of livestock［J］. Current Protein&Peptide Science，2017，18：525-531.

[226] Bilanski W K，Lee J H A，Halyk R M. High temperature drying of alfalfa stems［J］. Canadian Journal of Plantence，1965，45（5）：471-476.

[227] 陈辉.紫花苜蓿合理晒制打捆技术［J］.当代畜牧，2002，24（4）：31-33.

[228] 杨永林，马中文.如何调制品质优良的苜蓿干草［J］.草业科学，2005，22（12）：54-55.

附录

附表 1 不同品种苜蓿基因的GO功能统计表

本体	类	上调基因数	下调基因数	总基因数
生物过程	生物调节	25	12	37
	细胞成分组织或生物发生	45	14	59
	细胞过程	170	90	260
	发育过程	23	14	37
	生长	3	2	5
	免疫系统过程	1	1	2
	定位	21	9	30
	代谢过程	195	93	288
	多生物过程	21	8	29
	多细胞生物过程	18	6	24
	繁殖	6	5	11
	生殖过程	6	5	11
	刺激反应	131	43	174
	节律过程	0	2	2
	信号	11	5	16
	单一生物过程	109	50	159

本体	类	上调基因数	下调基因数	总基因数
	细胞	210	46	256
	细胞连接	39	4	43
	细胞部分	210	46	256
	细胞外区域	7	2	9
	高分子配合物	88	3	91
细胞组分	膜	71	16	87
	膜部分	14	8	22
	膜封闭的管腔	38	4	42
	细胞器	156	30	186
	细胞器部分	100	10	110
	超分子纤维	1	0	1
	抗氧化活性	1	1	2
	结合	169	97	266
	催化活性	124	99	223
	分子功能调节剂	4	3	7
	活动分子传感器	1	2	3
分子功能	核酸结合转录因子活性	3	10	13
	信号传感器活动	0	1	1
	结构分子活动	44	1	45
	转录因子活性，蛋白结合	1	0	1
	转运活性	11	3	14

附表2　所测基因的引物序列

指标	基因	Unigene ID	序列（F/R）
苜蓿落叶相关基因	ARF	Unigene0044746	TTCGCCCGTGGTCATTATAC/ AAGAGAACCCAAACCAGATCC
	PIF3	Unigene0002039	CTGACGACGGTCCATTTCTT/ GATCTTGTCCTCTCATCCAATCTC
	ETR	Unigene0027311	GCACCTAGAATTAGAGGAAAGAGAA/ TGAGGCTTCAAGTGAGCATAC
	PHYB	Unigene0053251	GGTGGTTCTCCGGTGATATTC/ TCTGGTGATTCCACCCAAATAA
	CRY	Unigene0053032	GAAAGGGCAACTGCTACCT/ GGTTCTTATTCTCCCTACTGATAGTG
	NCED3	Unigene0014585	TGGAATGCCCTTCAGCATAA/ CCTGGTTCAGAATGGAGATGTAT
	TUBA	Unigene0030464	CAAGTCCAGCTCCAAGAGATT/ TTTGGTGTCCTAAAGAGGAAGG
	GH	Unigene0032887	AAACGAGTCTCGCAGGATAAG/ TAAGGATGATGGGCAGAGAATG
苜蓿木质素合成相关基因	CCOAOMT1	Unigene0052180	ACCCGCTGATGAAGGACAAC/ GCAAGAGCAGTGGTGAGTAGAG
	CCR1	Unigene0006916	CACACTGCTTCTCCCGTTACA/ ACTCATCAACCTCAACATCAACACT
	CAD6	Unigene0045287	CTACCCCTAACCACACACAAACT/ CCTCCACATCACTACCAACCTT
	HCT	Unigene0018693	AGTCTCACTTGGTGTTGGTATGC/ TTGATGGTGGAGGCTTGTATTCG
	PAL1	Unigene0068265	GGTGGTCCGTCTTGGTGG/ ACTGTCCGTGCCTTTGTTCAT
	COMT1	Unigene0056146	AAACTCAAATAACACCAACCCACAT/ ACAAGCCAAGAGACGCAACA
	4CL	Unigene0057326	AAGTCACCATTGCTCCTGTTGT/ GTCATCCCATATCCCTGTCCCA
	LAC11	Unigene0005210	ACTCTGCTAAATACCCTGCTAATGT/ GCTAACTCTTGTGCCCGTCTT

指标	基因	Unigene ID	序列（F/R）
苜蓿碳水化合物合成相关基因	AGPS1	Unigene0054063	AGGATGCCAAGAACACTAACATTGA/ TGGATGATGCGACCTCTGCTA
	AMY	Unigene0047159	GGTGGCGGTGTTGTTAATGC/ ATGGAGTCCCTGGATGTGTTAGA
	pgmA	Unigene0004046	GCTGTCGTTGCCTGGTTGA/ GTCCTTCTTGGTGGTGATGAGTTC
	SBE3	Unigene0018007	TATCTGGTAGGCGGTCATTTGC/ AGTCGTTGCTTGGTGATGGAA
	WAXY	Unigene0069197	GAGAAAGAATGTTATGCCGAAAGGT/ GCTGCTAATACTGGTGGAAGAC
	SS1	Unigene0014457	TCGTGAGGAACTGTTGGTATGAG/ GCATTCTGTTGGCTGTGTATCTT
	ISA2	Unigene0064161	CAAACTTCCGCAACGATGTGA/ TCCAACTCAACTCCGCCTCTA
	SPS3	Unigene0071044	GACTGGTGGTGGTGCTTCTAC/ ACAGCACTCACTACTTCTTCAACAA
	SUS6	Unigene0023165	TGCTCTCGTGTGAATAAATGTTCCA/ TCAAGGGGTGAATCATCAAGTAAGG
苜蓿脂肪酸合成相关基因	FabG	Unigene0011465	CCTCCACCTTGCTTCACTTG/ CGGCTGAGTTGACTAGGATGTAA
	ACACA	Unigene0024980	CGGGAGGACCAATGAAGACG/ CCAACAACAACAACTACGCCAAC
	GPAT1	Unigene0022172	TGGTTTGGTTGATAAGGATAGTGCT/ AGTGTTGATGAAGGTGTAGGGAAA
	FAS2	Unigene0077196	GCCAAGACTAACGAGCCGATT/ GAATACCAGCGTGCTCAAGGAT
	FAD2	Unigene0048002	GAGCAGCCACAGACCAAGAA/ GTAGCCCAGACCACGAAGG
	FATB	Unigene0050524	ACAACTACGACGGTGAAGGT/ TGGTGGTAACAGCAGCAAGA
	KAS1	Unigene0023008	GGGTCAGGAATGGGTGGTTT/ CTACGAATGTGATTGGCAGCAG
	KCS11	Unigene0052628	GCCATTGTCGTCTTCTTCTTGTGTA/ ACTCGTATGCGTTGGTTGTTAGC

指标	基因	Unigene ID	序列（F/R）
苜蓿氨基酸合成相关基因	metE	Unigene0004227	CCACGCCATCTCTGCTCTT/ CATCTCCTCAACACGGTCCTT
	BCAT2	Unigene0051053	GCGTACTCATCATCGTCACTGT/ CTTCTTCGTCCTGGTTATCGTTCTT
	trpB2	Unigene0017581	TGCCACACCTCACAACCAA/ CGCCCAACTCCTCTCATCAG
	TSB	Unigene0047952	CGGTGGTTCAAGCAGTGGTTA/ ACATCATCGTGGAGGGCATTT
	PAH	Unigene0029067	TCAACTCACCCTTCCATACTCC/ AACTCGCATCAGCCAACAAC
	arg12	Unigene0039347	GGCGTAGTTGAAGGTGGTGAA/ CAAGTCCCGTGGCTGCTA
	glnA	Unigene0048518	GCGTTGGTGCCTGAGATGG/ GGTCCCTACTACTGCGGTGT
	ACY1	Unigene0070753	TAACAGAAGAGATACAAGGAGGATG/ AGTAACAAGTTCAAGAGTAAGGAGT
	serB	Unigene0018790	GTCAATGTCATTACAAAGCAGCGAT/ ACTTCTTCTTGTTCACGACTCCA
	cysK	Unigene0051566	AACTCCCACAATTTCTCCCACTTT/ CTCACTCCATACACCTACACTCTCA
苜蓿黄酮类化合物合成基因	CHS4	Unigene0054514	GCTCAGAGGGCAGAAGGT/ TTCAGTCTTGTGCTCGCTATTTG
	CHI1	Unigene0042233	GCATCAATCACCGCAATCACT/ TTCCTTCAATGGTCAATCCTCTCTC
	FLS	Unigene0058205	TACTACCCTCCATGTCCTATACCT/ GGAACTTTGAGCCACCGATT
	ANS	Unigene0016048	GCCTTGTACTCACCAATGACCTATG/ CCAACCCAAGAGCAACTTATCCA
	MYB4	Unigene0044444	GCTTCTTAGATGTGGGAAAAGTTGT/ TTCATTGTCTGTTCGTCCTGGTAA
	ANR1	Unigene0024728	GTGATGCTGAAGTTGGATTGATTGT/ GTGTGTGCTCCTTGACTCTGT

附表3　苜蓿干燥过程中的主要环境因子变化情况

晾晒天数	测定时间	天气情况	风速（km/h）	土壤温度（℃）	气温（℃）	空气相对湿度（%）	水汽压（kPa）	大气压（mbar）	太阳辐射强度（W/m²）	大气水势（MPa）
第一天	0:00	晴天	0:00	12.69	21.44	18.58	60.54	0.82	890	0
	2:00		2:00	9.05	21.49	16.89	63.92	0.73	889	0
	4:00		4:00	5.38	22.68	15.07	68.76	0.67	891	0
	6:00		6:00	12.09	21.98	20.58	75.49	0.85	890	95
	8:00		8:00	11.35	23.36	20.59	48.92	0.88	891	256
	10:00		10:00	8.75	25.09	24.64	45.61	1.33	888	396
	12:00		12:00	14.68	26.54	26.68	41.83	1.59	889	598
	14:00		14:00	15.39	26.98	28.89	39.55	1.88	890	468
	16:00		16:00	15.21	27.12	31.64	38.96	2.03	890	459
	18:00		18:00	11.35	25.38	32.38	38.94	2.12	888	112
	20:00		20:00	1.69	23.48	25.32	48.61	1.35	888	0
	22:00		22:00	9.54	21.88	20.06	55.02	0.83	888	0
第二天	0:00	晴转多云	0:00	7.58	23.00	21.59	60.91	0.95	891	0
	2:00		2:00	9.65	23.58	20.05	65.48	0.86	892	0
	4:00		4:00	8.31	24.38	20.89	68.92	0.85	890	0
	6:00		6:00	11.28	24.64	17.35	73.40	0.79	891	102
	8:00		8:00	8.36	24.96	23.29	53.44	1.06	892	308
	10:00		10:00	10.38	26.68	28.29	45.02	1.69	891	403
	12:00		12:00	12.32	26.87	29.79	40.28	1.85	892	603
	14:00		14:00	11.82	27.89	31.26	40.25	2.34	892	531
	16:00		16:00	12.45	28.05	35.77	35.08	2.60	890	365
	18:00		18:00	10.39	26.89	30.75	40.26	1.93	891	129
	20:00		20:00	5.68	23.98	26.38	48.95	1.53	891	0
	22:00		22:00	8.65	24.05	24.34	55.93	1.19	890	0

续表

晾晒天数	测定时间	天气情况	风速（km/h）	土壤温度（℃）	气温（℃）	空气相对湿度（%）	水汽压（kPa）	大气压（mbar）	太阳辐射强度（W/m²）	大气水势（MPa）
第三天	0:00	晴天	0:00	5.84	24.00	19.84	60.72	0.98	895	0
	2:00		2:00	9.38	24.31	19.53	62.82	0.93	894	0
	4:00		4:00	5.64	24.58	19.26	67.58	0.90	895	0
	6:00		6:00	10.35	24.61	22.65	70.91	1.35	893	100
	8:00		8:00	11.86	25.51	24.32	57.72	1.59	893	286
	10:00		10:00	10.37	25.64	28.09	43.96	1.86	892	383
	12:00		12:00	14.89	25.89	31.81	40.99	2.08	892	586
	14:00		14:00	15.38	26.38	30.25	38.70	1.96	894	462
	16:00		16:00	15.33	26.29	29.23	35.67	1.83	893	435
	18:00		18:00	13.05	25.85	26.34	37.99	1.58	892	106
	20:00		20:00	9.35	25.25	21.43	41.65	1.41	892	0
	22:00		22:00	9.84	25.68	19.38	48.77	1.03	892	0
第四天	0:00	晴天	0:00	8.56	22.43	19.14	58.99	0.95	895	0
	2:00		2:00	5.67	22.31	18.26	63.84	0.88	894	0
	4:00		4:00	7.98	23.56	17.16	67.88	0.81	894	0
	6:00		6:00	8.64	23.98	20.34	76.93	1.03	894	98
	8:00		8:00	10.58	24.56	21.56	60.81	1.25	895	246
	10:00		10:00	14.86	25.98	25.69	55.63	1.36	893	364
	12:00		12:00	15.38	26.88	29.34	47.66	1.86	895	596
	14:00		14:00	15.23	27.89	30.35	40.92	1.95	894	496
	16:00		16:00	14.90	28.05	32.19	35.09	2.17	893	485
	18:00		18:00	12.38	27.96	28.34	36.77	1.76	894	116
	20:00		20:00	5.86	25.31	25.03	47.09	1.38	895	0
	22:00		22:00	9.64	23.65	23.25	59.09	1.31	894	0

续表

晾晒天数	测定时间	天气情况	风速（km/h）	土壤温度（℃）	气温（℃）	空气相对湿度（%）	水汽压（kPa）	大气压（mbar）	太阳辐射强度（W/m²）	大气水势（MPa）
	0:00		0:00	12.35	23.34	20.36	63.91	0.98	896	0
	2:00		2:00	15.65	24.56	18.54	68.39	0.85	897	0
	4:00		4:00	10.58	25.45	16.07	70.09	0.75	895	0
	6:00		6:00	6.52	25.64	20.19	78.83	0.95	896	100
	8:00		8:00	10.29	25.98	25.64	61.95	1.78	897	365
	10:00		10:00	18.64	26.52	28.29	57.79	1.95	897	389
第五天	12:00	晴天	12:00	16.32	26.89	31.14	50.03	2.04	896	685
	14:00		14:00	24.02	28.33	28.31	45.72	1.96	897	468
	16:00		16:00	23.54	27.98	28.28	40.93	1.86	895	426
	18:00		18:00	15.38	25.46	26.31	38.76	1.79	894	95
	20:00		20:00	8.69	25.32	24.19	47.29	1.65	896	0
	22:00		22:00	10.68	24.98	22.29	53.75	1.25	896	0